工业机器人技术专业系列教材

U0670508

GONGYE JIQIREN
JISHU JI BIANCHENG

工业机器人
技术及编程

主　编　高昕葳　张晓晖

副主编　张　浩　杨　智

重庆大学出版社

内容提要

本书聚焦 ABB 工业机器人,构建了工业机器人的基础知识、工业机器人的基础操作、认识工业机器人坐标系三大模块,通过 7 个项目层层递进,系统解析工业机器人编程方法、仿真及应用技术。

本书内容从基础概念到复杂操作,由浅入深、循序渐进,将理论与应用紧密结合,可作为应用型本科高校、高职院校机电与自动化相关专业的教材,也可作为工业机器人技术培训用书,还可供行业相关技术人员参考。

图书在版编目(CIP)数据

工业机器人技术及编程 / 高昕葳,张晓晖主编.
重庆 :重庆大学出版社,2025. 3. -- ISBN 978-7-5689-4988-0

Ⅰ. TP242.2

中国国家版本馆 CIP 数据核字第 20251NF227 号

工业机器人技术及编程

主 编 高昕葳 张晓晖
副主编 张 浩 杨 智
策划编辑:苟荟羽

责任编辑:杨育彪 版式设计:苟荟羽
责任校对:邹 忌 责任印制:张 策

*

重庆大学出版社出版发行
出版人:陈晓阳
社址:重庆市沙坪坝区大学城西路 21 号
邮编:401331
电话:(023) 88617190 88617185(中小学)
传真:(023) 88617186 88617166
网址:http://www.cqup.com.cn
邮箱:fxk@ cqup. com. cn(营销中心)
全国新华书店经销
重庆正文印务有限公司印刷

*

开本:787mm×1092mm 1/16 印张:11 字数:273 千
2025 年 3 月第 1 版 2025 年 3 月第 1 次印刷
ISBN 978-7-5689-4988-0 定价:42.00 元

PREFACE 前 言

　　随着《中国制造 2025》的实施与智能时代的到来，作为现代工业控制领域的关键要素，工业机器人在各行各业的应用愈发广泛，市场与产业对工业机器人的需求持续增加，企事业单位对工业机器人技术技能人才的需求日趋旺盛，迫使高等职业教育对工业机器人应用人才的培养更具专业性与科学性。

　　本书针对高职学生的学情特点，依托市场调研分析，结合企业一线需求实际和工业机器人主流品牌的发展趋势进行编写，主要选用了市场占有率较高、代表性较强的 ABB 工业机器人为载体，设计了工业机器人的基础知识、工业机器人的基础操作、认识工业机器人坐标系三大模块，既能满足工业机器人技术等专业的教学需求，更能让学生了解工业机器人在实际生产中的应用现状。同时，本书在编写过程中还充分考虑知识点多、内容广等特点，将零散的模块化知识以基于工作过程的典型任务驱动重构课程架构，重点培养学生思考问题、研究问题、解决问题的综合职业素养。

　　本书内容选择合理、结构清晰、面向应用，既可作为高职院校工业机器人技术、机电一体化技术、电气自动化技术和智能控制技术等专业的教学用书，也可作为企业工程技术人员的培训教材。

　　由于编者水平有限，书中难免存在疏漏或不妥之处，恳请使用者批评指正。

编　者
2025 年 1 月

CONTENTS 目 录

模块一
工业机器人的基础知识

项目1 工业机器人的认知

◇ **项目引人**

工业机器人是最典型的机电一体化装备,同时也是计算机技术及人工智能发展的产物,其技术附加值高、应用范围广。工业机器人作为先进制造业的支撑技术和信息化社会的新兴产业,将对未来生产和社会发展起到越来越重要的作用。

本项目将带领大家了解工业机器人,并对ABB工业机器人及工业机器人的组成做简单介绍。

◇ **知识目标**

1. 了解机器人的定义与分类。
2. 了解工业机器人的应用。
3. 掌握工业机器人的基本组成。

◇ **能力目标**

1. 能够根据机器人的特征进行分类。
2. 能够根据机器人的结构形式和应用领域,准确识别工业机器人。
3. 能够根据技术参数和生产需求,合理选用工业机器人型号及配置。

◇ **素质目标**

1. 具有发现问题、分析问题、解决问题的能力。
2. 具有高度责任心和良好的团队合作能力。
3. 培养良好的职业素养和一定的创新意识。
4. 具有"认真负责、精检细修、文明生产、安全生产"等良好的职业道德。

任务 1.1　了解工业机器人

【知识点】

1. 工业机器人的定义。
2. 工业机器人的分类。
3. 工业机器人的应用。

【技能点】

1. 能区分机器人和工业机器人的定义。
2. 能识别不同类型的工业机器人。
3. 根据应用场合选择不同类型的机器人。

【任务描述】

了解机器人的定义及工业机器人的定义,掌握工业机器人的分类及工业机器人的应用范围。

【知识链接】

1.1.1　机器人及工业机器人的定义

1)机器人(Robot)

机器人是自动执行工作的机器装置,它既可以接受人类指挥,又可以运行预先编排的程序,还可以根据人工智能技术制订的原则纲领行动。机器人的任务是协助或取代人类的工作,例如从事生产业、建筑业相关的工作或其他危险的工作。

2)工业机器人

工业机器人是面向工业领域的多关节机械手或多自由度的机器装置,它能自动执行工作,是靠自身动力和控制能力来实现各种功能的一种机器。

思考:

图 1-1-1 中哪个是工业机器人?

(a)　　　　　　　　(b)　　　　　　　　(c)

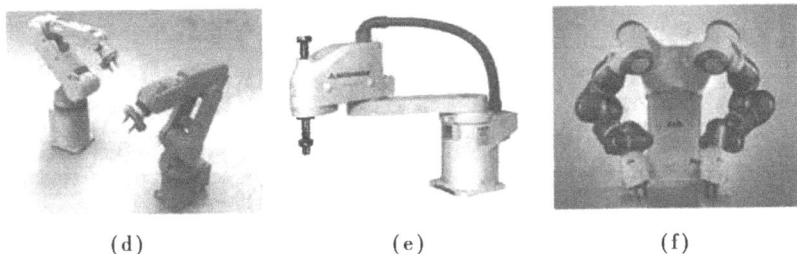

图 1-1-1　工业机器人的认识

1.1.2　机器人的分类

1）按照应用类型分类

（1）工业机器人：搬运机器人、焊接机器人、装配机器人、喷漆机器人、检查机器人等，主要用于现代化的工厂和柔性加工系统中，举例如图 1-1-2 所示。

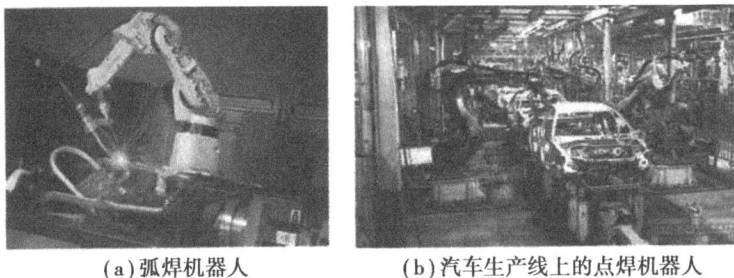

（a）弧焊机器人　　　　　（b）汽车生产线上的点焊机器人

图 1-1-2　工业机器人

（2）特种机器人：在人们难以进入的核电站、海底、宇宙空间进行作业的机器人，主要有军事应用机器人、极限作业机器人和应急救援机器人三类，举例如图 1-1-3 所示。

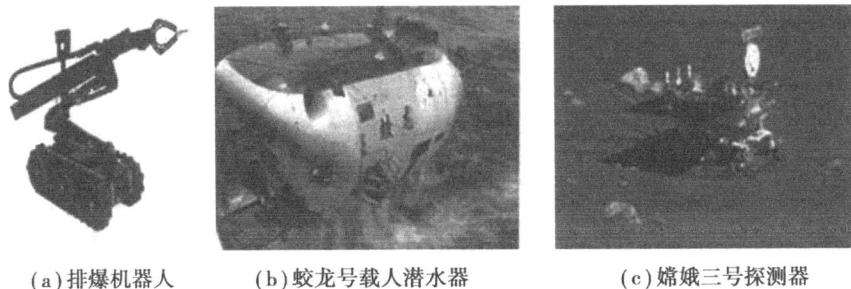

（a）排爆机器人　　　　（b）蛟龙号载人潜水器　　　　（c）嫦娥三号探测器

图 1-1-3　特种机器人

（3）服务机器人：餐厅服务机器人、保姆机器人、弹奏乐器机器人、舞蹈机器人、玩具机器人等，举例如图 1-1-4 所示。

2）按照控制方式分类

（1）操作机器人：典型代表是在核电站处理放射性物质时可以远距离进行操作的机器人。

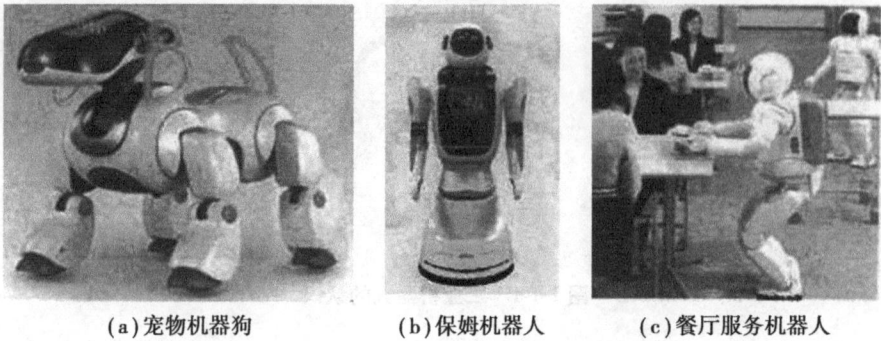

(a)宠物机器狗　　　　(b)保姆机器人　　　(c)餐厅服务机器人

图 1-1-4　服务机器人

（2）程序机器人：按预先给定的程序、条件、位置进行作业。目前大部分机器人都采用这种控制方式工作。

（3）示教再现机器人：同盒式磁带的录放一样，将所教的操作过程自动记录在磁盘、磁带等存储器中，当需要再现操作时，可重复所教过的动作过程。示教方法有手把手示教、有线示教和无线示教，如图 1-1-5 所示。

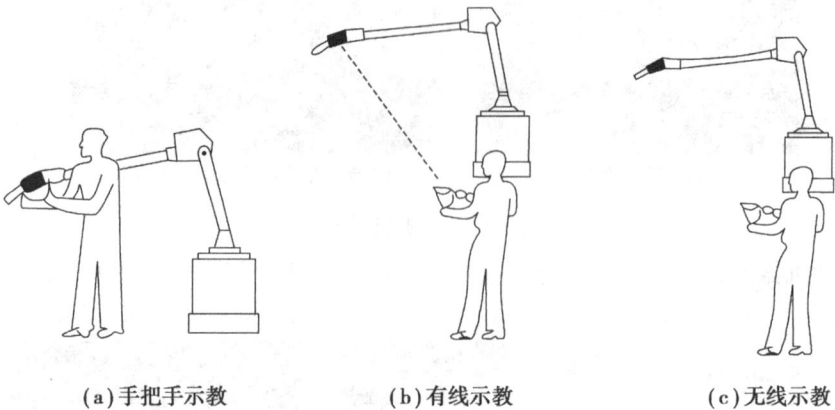

(a)手把手示教　　　　(b)有线示教　　　　(c)无线示教

图 1-1-5　机器人示教

（4）智能机器人：其不仅可以进行预先设定的动作，还可以按照工作环境的变化改变动作。

（5）综合机器人：由操作机器人、示教再现机器人、智能机器人组合而成的机器人，如玉兔号月球车。

1.1.3　工业机器人的应用

工业机器人最早应用于汽车制造工业，常用于焊接、喷漆、上下料和搬运。工业机器人延伸和扩大了人的手足和大脑功能，它可代替人从事危险、有害、有毒、低温和高热等恶劣环境中的工作；代替人完成繁重、单调的重复劳动，提高劳动生产率，保证产品质量。工业机器人与数据加工中心、自动搬运小车以及自动检测系统可组成柔性制造系统（FMS）和计算机集成制造系统（CIMS），实现生产自动化。

1）恶劣工作环境及危险工作

压铸车间及核工业等领域的作业是一种有害健康并可能危及生命，或不安全因素很大而不宜于人去从事的作业，此类工作由工业机器人做是最适合的。如图 1-1-6 所示为核工业上沸腾水式反应堆（BWR）燃料自动交换机。

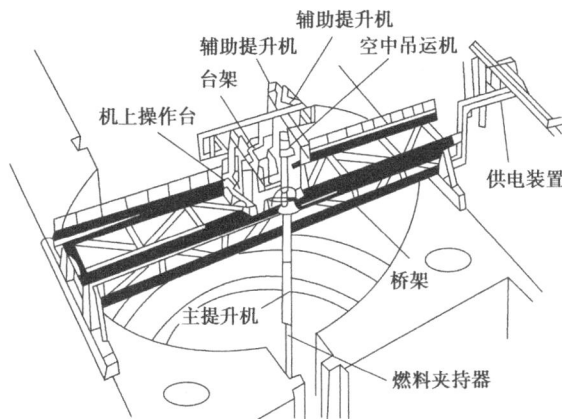

图 1-1-6　燃料自动交换机

燃料自动交换机的主要结构是由机上操作台、辅助提升机、台架、空中吊运机、主提升机、燃料夹持器等组成的，采用了计算机控制方式，可依据操作人员的运转指令，完成自动运转、半自动运转和手动自动运转模式下的燃料交换。这种交换机的使用不仅提高了效率，降低了对操作人员的辐射，而且由计算机控制的自动化操作还可以提高作业的安全性。

2）特殊作业和极限作业

火山探险、深海探秘和空间探索等领域对于人类来说是力所不能及的，只有机器人才能进行作业。

如图 1-1-7 所示的航天飞机上用来回收卫星的操作臂（Remote Manipulator System, RMS），它由加拿大 SPAR 航天公司设计并制造。该操作臂额定载荷为 15 000 kg，最大载荷为 30 000 kg；末端操作器的最大速度空载时为 0.6 m/s，承载 15 000 kg 时为 0.06 m/s，承载 30 000 kg 时为 0.03 m/s；定位精度为 ±0.05 m。这些参数为在外层空间抓放飞行体时的参数。

3）自动化生产领域

早期的工业机器人在生产上主要用于机床上下料、点焊和喷漆等。随着柔性自动化的出现，机器人在自动化生产领域扮演了更重要的角色。举例如下。

（1）焊接机器人。汽车制造厂已广泛应用焊接机器人进行承重大梁和车身结构的焊接。弧焊机器人需要 6 个自由度，其中 3 个自由度用来控制焊具跟随焊缝的空间轨迹，另外 3 个自由度保持焊具与工件表面具有正确的姿态关系，这样才能保证良好的焊缝质量。

（2）材料搬运机器人。材料搬运机器人可用于上下料、码垛、卸货以及抓取零件定向等作业。一个简单抓放作业机器人只需要较少的自由度；一个给零件定向作业的机器人要求有更多的自由度，以增加其灵巧性。

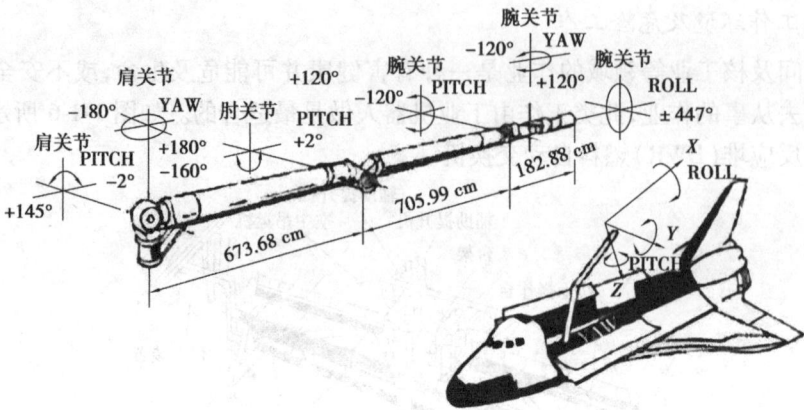

PITCH: 倾斜度; YAW: 偏航; ROLL: 转动

图 1-1-7　航天飞机上的操作臂

（3）检测机器人。零件制造过程中的检测以及成品检测都是保证产品质量的关键工序。检测机器人主要有两个工作内容:确定零件尺寸是否在允许的公差内;控制零件按质量分类。

（4）装配机器人。装配是一个比较复杂的作业过程,不仅要检测装配作业过程中的误差,而且要试图纠正这种误差。因此,装配机器人上有许多传感器,如接触传感器、视觉传感器、接近传感器和听觉传感器等。

（5）喷涂机器人。一般在三维表面进行喷涂作业时,至少要有 5 个自由度。由于可燃环境的存在,驱动装置必须防燃防爆。在大件上作业时,往往把机器人装在一个导轨上,以便行走。

【任务书】

姓名		任务名称	了解工业机器人
指导教师		同组人员	
计划用时		实施地点	工业机器人实训室
时间		备注	
任务内容			
1.组间讨论:工业机器人的普及会对人们的就业产生什么样的影响? 2.总结机器人的定义。 3.根据机器人的特征对其进行分类。			
考核项目	能正确说出工业机器人的定义和特点		
	正确分辨不同种类的工业机器人		
	正确说出工业机器人的发展趋势		

【任务完成报告】

姓名		任务名称	认识工业机器人
班级		小组人员	
完成日期		分工内容	

1. 工业机器人的普及会对人们的就业产生什么样的影响?

2. 机器人的定义是什么?

3. 工业机器人的分类有哪些?

【任务测评】

项目	评价要素	评价标准	自我评价			教师评价	综合评价
			掌握	知道	再学		
知识准备	资料准备	参与资料收集,整理,自我学习					
	计划制订	能初步制订计划					
	小组分工	分工合理,协调有序					
任务过程	机器人定义	内容掌握与理解					
	定义的区别	内容掌握与理解					
	机器人的分类	内容掌握与理解					
	机器人的应用	内容掌握与理解					
	总结	内容掌握与理解					
拓展能力	知识迁移	能实现前后知识的迁移					
	应变能力	能举一反三,提出改进建议或方案					
学习态度	主动程度	自主学习,主动性强					
	合作意识	协作学习,能与同伴团结合作					
	严谨细致	仔细认真,不出差错					
	问题研究	能在实践中发现问题,并用理论知识解决实践中的问题					
	安全规程	遵守操作规程,安全操作					

任务 1.2　工业机器人的组成

【知识点】

1. 工业机器人的 3 大部分、6 个子系统。
2. 工业机器人的技术参数。

【技能点】

1. 认识工业机器人的 3 大部分、6 个子系统。

2. 理解工业机器人的技术参数。

【任务描述】

在简单认识工业机器人结构的基础上,了解常用工业机器人的系统构成,并识别工业机器人系统的基本组成部分。

【知识链接】

工业机器人由机器人本体、示教器、示教器通信电缆、机器人控制器、数据交换电缆、电动机驱动电缆和电源供电电缆组成,如图 1-2-1 所示。

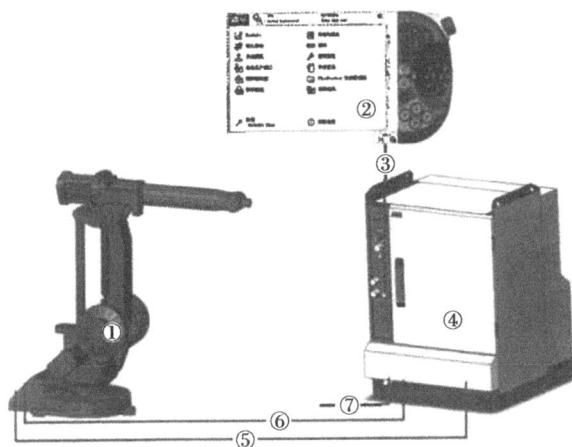

图 1-2-1　工业机器人实物图

1.2.1　工业机器人的基本组成

1)基本组成

工业机器人由 3 大部分、6 个子系统组成。3 大部分是机械部分、传感部分和控制部分,6 个子系统是驱动系统、机械结构系统、感受系统、机器人–环境交互系统、人机交互系统和控制系统,可用图 1-2-2 来表示。

2)6 个子系统的作用

(1)驱动系统。

要使工业机器人运行起来,需给各个关节即每个运动自由度安装传动装置,这就是驱动系统。驱动系统可以是液压传动、气动传动、电动传动,或者把它们结合起来应用的综合系统;可以是直接驱动或者通过同步带、链条、轮系、谐波齿轮等机械传动机构进行间接驱动。

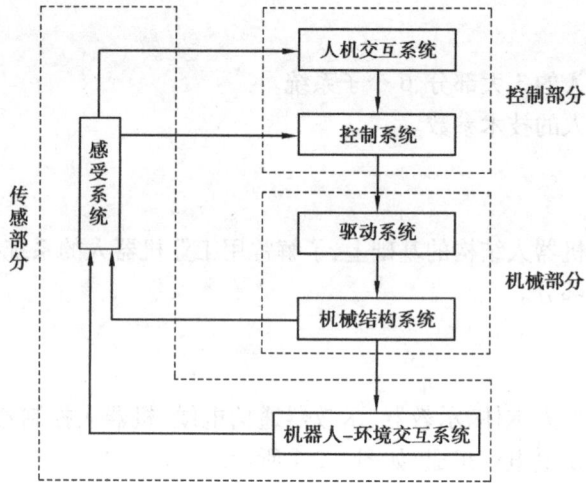

图 1-2-2　工业机器人的系统组成

（2）机械结构系统。

工业机器人的机械结构系统由基座、手臂、末端操作器三大件组成，如图 1-2-3 所示。每一大件都有若干自由度，构成一个多自由度的机械系统。若基座具备行走机构，则构成行走机器人；若基座不具备行走及弯腰机构，则构成单机器人臂。手臂一般由上臂、下臂和手腕组成。末端操作器是直接装在手腕上的一个重要部件，它可以是二手指或多手指的手爪，也可以是喷漆枪、焊具等作业工具。

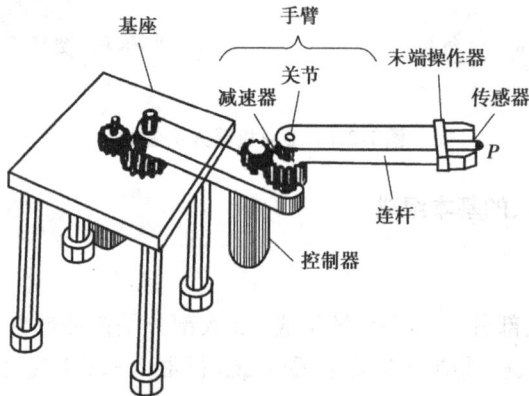

图 1-2-3　工业机器人的机械结构系统

（3）感受系统。

感受系统由内部传感器模块和外部传感器模块组成，用于获得内部和外部环境状态中有益的信息。智能传感器的使用提高了机器人的机动性、适应性和智能化的水准。

（4）机器人-环境交互系统。

机器人-环境交互系统是实现工业机器人与外部环境中的设备相互联系和协调的系统。工业机器人与外部设备集成为一个功能单元，如加工制造单元、焊接单元、装配单元等。当然,也可以是多台机器人、多台机床或设备、多个零件存储装置等集成为一个去执行复杂任务的功能单元。

（5）人机交互系统。

人机交互系统是使操作人员参与机器人控制并与机器人进行联系的装置,例如计算机的标准终端、指令控制台、信息显示板、危险信号报警器等。该系统分为两类:指令给定装置和信息显示装置。

（6）控制系统。

控制系统的任务是根据机器人的作业指令程序及传感器反馈回来的信号,控制执行机构完成规定的运动和功能。假如工业机器人不具备信息反馈特征,则为开环控制系统;若具备信息反馈特征,则为闭环控制系统。根据控制原理,控制系统可分为程序控制系统、适应性控制系统和人工智能控制系统。根据控制运动的形式,控制系统可分为点位控制和轨迹控制。

图1-2-4所示是三菱装配机器人系统的基本构成。该机器人由机器人主体、控制器、示教盒和PC等构成。可用示教的方式和用PC编程的方式来控制机器人的动作。

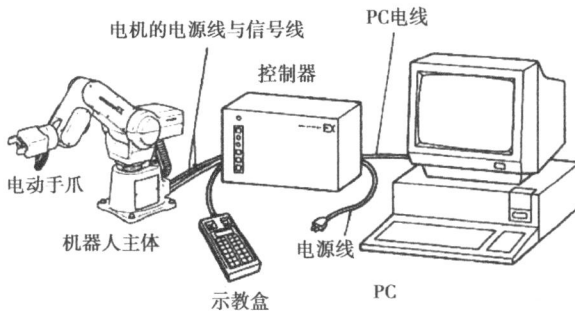

图1-2-4　三菱装配机器人系统的基本构成

1.2.2　工业机器人的技术参数

工业机器人的技术参数是各工业机器人制造商在产品供货时所提供的技术数据。表1-2-1为ABB工业机器人IRB 120的主要技术参数。尽管各厂商提供的技术参数不完全一样,工业机器人的结构、用途等有所不同,且用户的要求也不同,但工业机器人的主要技术参数一般有自由度、精度、工作范围、速度和承载能力等。

表1-2-1　ABB工业机器人IRB 120的主要技术参数

型号	IRB 120-3/0.6	工作范围	580 mm	有效荷重	3 kg	
性能						
1 kg 拾料 节拍	25 mm×300 mm×25 mm	0.58 s	TCP 最大加速度	28 m/s²		
	TCP 最大速度	6.2 m/s	加速时间(0~1 m/s)	0.07 s		

续表

型号	IRB 120-3/0.6	工作范围	580 mm	有效荷重	3 kg	
特性						
集成信号源	手腕设 10 路信号		机器人安装		任意角度	
集成气源	手腕设 4 路空气(0.5 MPa)		防护等级		IP30	
重复定位精度	0.01 mm		控制器		IPC5 紧凑型/IRC5 单柜型	
运动						
轴运动		工作范围		最大速度		
轴 1 旋转		+165° ~ −165°		250°/s		
轴 2 手臂		+110° ~ −100°		250°/s		
轴 3 手臂		+70° ~ −90°		250°/s		
轴 4 手腕		+160° ~ −160°		320°/s		
轴 5 弯曲		+120° ~ −120°		320°/s		
轴 6 翻转		+400° ~ −400°		420°/s		

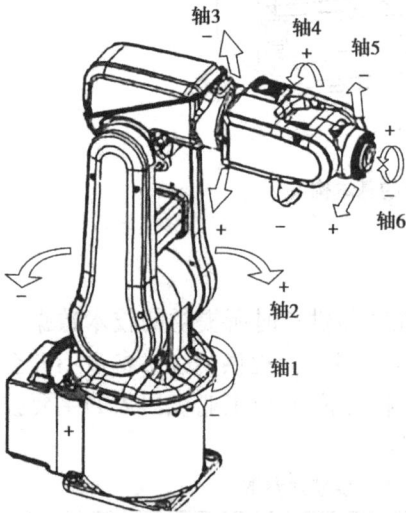

图 1-2-5　ABB IRB 120 型工业机器人

1)自由度

自由度是指机器人所具有的独立坐标轴运动的数目,不包括手爪(末端操作器)的开合自由度。在三维空间中描述一个物体的位置和姿态(简称位姿)需要 6 个自由度。但是,工业机器人的自由度是根据其用途而设计的,可能少于 6 个自由度,也可能多于 6 个自由度。例如,A4020 型装配机器人具有 4 个自由度,可以在印刷电路板上接插电子器件;ABB IRB 120 型工业机器人具有 6 个自由度,如图 1-2-5 所示,可以进行复杂空间作业。从运动学的观点看,在完成某一特定作业时具有多余自由度的机器人,就叫做冗余自由度机器人。例如,ABB IRB 120 型机器人去执行印刷电路板上接插电子器件的作业时就成为冗余自由度机器人。利用冗余自由度可以增加机器人的灵活性、躲避障碍物和改善动力性能。人的手臂(大臂、小臂、手腕)共有 7 个自由度,所以工作起来很灵巧,手部可回避障碍物从不同方向到达一个目的点。

2)精度

工业机器人精度是指定位精度和重复定位精度。定位精度是指机器人手部实际到达位置与目标位置之间的差异。重复定位精度是指机器人重复定位其手部于同一目标位置的能

力,可以用标准偏差这个统计量来表示,用于衡量一列误差值的密集度(即重复度),如图
1-2-6 所示。

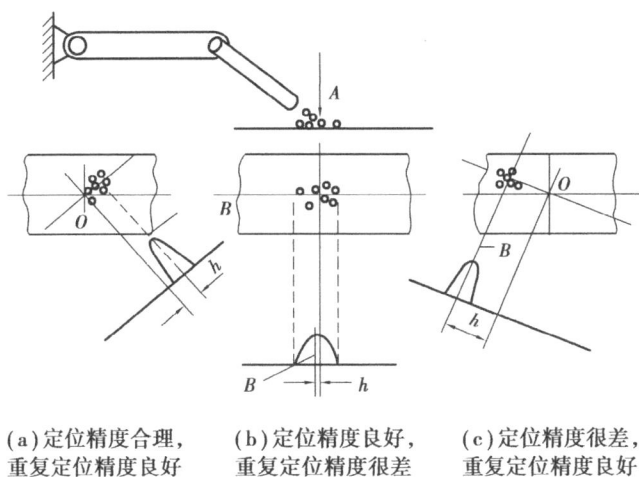

(a)定位精度合理,　(b)定位精度良好,　(c)定位精度很差,
重复定位精度良好　重复定位精度很差　重复定位精度良好

图 1-2-6　工业机器人定位精度和重复定位精度的典型情况

3)工作范围

工作范围是指机器人手臂末端或手腕中心所能到达的所有点的集合,也叫工作区域。末端操作器的尺寸和形状是多种多样的,为了真实反映机器人的特征参数,这里是指不安装末端操作器时的工作区域。工作范围的形状和大小是十分重要的,机器人在执行作业时可能会因为存在手部不能到达的作业死区(Dead Zone)而不能完成任务。图 1-2-7 所示为 ABB IRB 120 型机器人的工作范围。

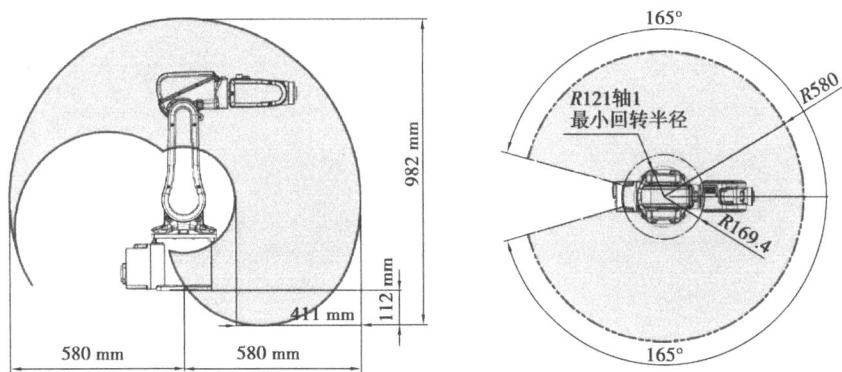

图 1-2-7　ABB IRB 120 型机器人的工作范围

4)速度

速度和加速度是表明机器人运动特性的主要指标。说明书中通常提供了主要运动自由度的最大稳定速度,但在实际应用中单纯考虑最大稳定速度是不够的。这是因为驱动器输出功率的限制,从启动到达最大稳定速度或从最大稳定速度到停止,都需要一定时间。如果

最大稳定速度高,允许的极限加速度小,则加减速的时间就会长一些,对应用而言的有效速度就要低一些;反之,如果最大稳定速度低,允许的极限加速度大,则加减速的时间就会短一些,这有利于有效速度的提高。但如果加速或减速过快,有可能引起定位时超调或振荡加剧,使得到达目标位置后需要等待振荡衰减的时间增加,则反而可能使有效速度降低。所以,考虑机器人运动特性时,除注意最大稳定速度外,还应注意其最大允许的加减速度。

5)承载能力

承载能力是指机器人在工作范围内的任何位姿上所能承受的最大质量。承载能力不仅指负载的质量,而且还包括机器人末端操作器的质量。它与机器人运行的速度和加速度的大小及方向有关。为了安全起见,承载能力这一技术指标是指高速运行时的承载能力。

【任务书】

姓名		任务名称	工业机器人的组成
指导教师		同组人员	
计划用时		实施地点	工业机器人实训室
时间		备注	
任务内容			
1. 工业机器人的 3 大部件、6 大子系统有哪些? 2. 工业机器人的技术参数有哪些?			
考核项目	能正确说出工业机器人的技术参数		
	能正确指出工业机器人的 3 大部件、6 大子系统		

【任务完成报告】

姓名		任务名称	工业机器人的组成
班级		小组人员	
完成日期		分工内容	

1. 工业机器人的3大部件、6大子系统有哪些?

2. 工业机器人的技术参数有哪些?

【任务测评】

项目	评价要素	评价标准	自我评价			教师评价	综合评价
			掌握	知道	再学		
知识准备	资料准备	参与资料收集,整理,自我学习					
	计划制订	能初步制订计划					
	小组分工	分工合理,协调有序					
任务过程	工业机器人的3大部件、6大子系统	内容掌握与理解					
	工业机器人的技术参数	内容掌握与理解					
	总结	内容掌握与理解					

续表

项目	评价要素	评价标准	自我评价			教师评价	综合评价
			掌握	知道	再学		
拓展能力	知识迁移	能实现前后知识的迁移					
	应变能力	能举一反三,提出改进建议或方案					
学习态度	主动程度	自主学习,主动性强					
	合作意识	协作学习,能与同伴团结合作					
	严谨细致	仔细认真,不出差错					
	问题研究	能在实践中发现问题,并用理论知识解决实践中的问题					
	安全规程	遵守操作规程,安全操作					

◇ 项目小结

本项目介绍了机器人的定义及分类,分析了工业机器人的应用,并以 ABB IRB 120 型工业机器人为例,重点介绍了工业机器人的结构与功能。

◇ 思考与练习

1. 机器人按照应用类型可分哪几类?

2. 工业机器人主要应用在哪些方面?

3. 工业机器人由哪几部分组成?

4. 工业机器人的主要技术参数有哪些?

项目 2　工业机器人的基础操作

◇ 项目引入

　　工业机器人是综合应用计算机、自动控制、自动检测及精密机械装置等高新技术的产物,是技术密集度及自动化程度很高的典型机电一体化加工设备。使用工业机器人的优越性显而易见,不仅精度高、产品质量稳定,而且自动化程度极高,可大大减轻工人的劳动强度,提高生产效率。特别值得一提的是,工业机器人可完成一般人工操作难以完成的精密工作,如激光切制、精密装配等,因此工业机器人在自动化生产中的地位越来越重要。但是,我们要清醒地认识到,能否达到工业机器人的以上优点,还要看操作者在生产中能不能恰当、正确地使用,减少工业机器人因不当操作而损坏的情况。

◇ 知识目标

　　1.了解工业机器人使用的安全规程。

　　2.掌握工业机器人的使用要求。

　　3.掌握工业机器人操作的应用注意事项。

◇ 能力目标

　　1.掌握用好 ABB 工业机器人的要求。

　　2.能够掌握工业机器人操作的安全注意事项。

　　3.能识别工业机器人在操作过程中的危险因素。

　　4.能够合理检查控制器的散热情况。

　　5.能够对机器人的本体进行合理的维护。

◇ 素质目标

　　1.培养学生高度的责任心和耐心。

　　2.培养学生动手、观察、分析问题和解决问题的能力。

　　3.培养学生查阅资料和自学的能力。

　　4.培养学生与他人沟通的能力,塑造自我形象、推销自我。

　　5.培养学生的团队合作意识及企业员工意识。

　　6.培养学生的安全意识。

任务 2.1　怎样用好工业机器人

【知识点】

掌握 ABB 工业机器人的使用要求。

【技能点】

能够系统掌握 ABB 工业机器人的核心操作规范与优化策略,具备安全操作、高效编程、故障诊断及维护能力,确保机器人性能最大化并延长使用寿命。

【任务描述】

通过该任务的学习,了解 ABB 工业机器人使用中应注意的事项,保证工业机器人的优越性得到充分发挥,降低工业机器人因不当操作而损坏的概率。

【知识链接】

2.1.1　遵循正确的操作规程

不管是哪种工业机器人,它都有自己的操作规程。正确的操作规程既是保证操作人员安全,也是保证设备安全、产品质量等的重要措施。使用者在初次操作工业机器人时,必须认真阅读设备供应商提供的使用说明书,按照操作规程正确操作。工业机器人在第一次使用或长期没有使用时,应先慢速手动操作其各轴进行运动。如有需要,还要进行机械原点的校准,这些内容初学者应高度重视,因为缺乏相应的操作培训,往往在这方面容易犯错。

2.1.2　提高操作人员的综合素质

工业机器人的使用有一定的难度,因为工业机器人是典型的机电一体化产品,它涉及的知识面较宽,即操作者应具有机、电、液、气等领域的专业知识,因此对操作人员提出的素质要求是很高的。目前,一个不可忽视的现象是工业机器人的用户越来越多,但工业机器人利用率还不算高,当然有时是生产任务不足造成的,还有一个更为关键的因素是工业机器人的操作人员素质不够高,碰到一些问题时不知如何处理。这就要求使用者具有较高的素质,能冷静对待问题,头脑清醒,现场判断能力强,当然还应具有较扎实的自动化控制技术基础等。一般情况下,新购工业机器人时,设备提供商会为用户提供技术培训的机会,虽然时间不长,但针对性很强,用户应予以重视,参加人员应包括以后的工业机器人操作员以及维修人员。操作人员综合素质的提高不是一两天的事情,而是要抓长久,在日后的使用中应不断积累。还有一个值得一试的办法是走访一些工业机器人同类应用的老用户,他们有很强的实践经验,最有发言权,可请求他们的帮助,让他们为操作员以及维修人员进行一定的培训,这是短时间内提高操作人员综合素质最有效的办法。

2.1.3　提高工业机器人的使用率

工业机器人购进后,如果它的开动率不高,不但使用户投入的资金不能起到再生产的作用,而且很可能因设备发生故障但已过保修期而需要支付额外的维修费用,因此,用户应在保修期内尽量多地发现工业机器人的问题,平常缺少生产任务时也不能空闲不用。工业机器人如果长期不用,可能会由于受潮等原因加快电子元器件的变质或损坏,并出现机械部件的锈蚀问题,因此,使用者要定期对机器人通电,使之空运行 1 h 左右。

2.1.4　工业机器人的安装

工业机器人的安装包括机器人控制柜的安装,机器人本体的安装,机器人各接口的连接,机器人本体与控制柜的连接,机器人主电源的连接及示教器的连接。

(1)机器人控制柜的安装。

①利用搬运设备将控制柜移动到安装的位置,需要注意控制柜与机器人的安装位置要求(见相应设备使用说明书)。

②安装示教器架子及示教器电缆架子(安装位置见相应设备使用说明书)。

(2)机器人本体的安装

通过起重机或叉车进行机器人本体的安装,不同机器人的安装方式有所差别,具体请查看工业机器人相关说明书。安装过程中需注意预防线束对机器人本体的损坏。

(3)机器人各接口的连接。

不同机器人的连接接口有所差别,请按照工业机器人说明书进行连接。例如,IRB4600机器人本体上有上臂接口和底座接口,上臂接口主要有压缩空气接口、用户电缆 CP、用户电缆 CS,底座接口主要有用户电缆接口、电动机动力电缆、压缩空气接口、转数计数器电缆。底座接口的用户电缆、压缩空气接口是与上臂接口的用户电缆、压缩空气接口直接连通的,只需将 I/O 板信号与供气气管连接到底座接口,第六轴法兰盘上夹具或工具的信号与气管连接到上臂接口,就能实现连通了。

(4)机器人本体与控制柜的连接。

机器人本体与控制柜的连接主要是电动机动力电缆与转数计数器电缆、用户电缆的连接。将电动机动力电缆与转数计数器电缆、用户电缆的两端分别与相应的控制柜接口和机器人本体底座接口连接。

(5)机器人主电源的连接。

根据控制柜柜门内侧的主电源连接指引图,接入机器人主电源。ABB 工业机器人使用380 V 三相四线制电源。需注意主电源的接地保护(PE)点的连接。

(6)示教器的连接。

将示教器电缆连接到控制柜示教器接口上。

2.1.5　工业机器人的日常维护

想要最大限度地保证 ABB 工业机器人正常运行,提高机器人使用寿命,保证高效益产出,工业机器人保养这一重要的工作在工业机器人整个生命周期中必然是一项不可或缺的必修课。工业机器人日常的安全使用和文明操作,以及日常的自检与维护工作是相当重要的,这对工业机器人保养有着重要的影响,一方面提高了工业机器人易损部件的可维护性,另一方面提升了工业机器人保养工作的方便性。

工业机器人运行磨合期限为一年,在正常运行一年后,工业机器人需要进行一次预防性保养——更换齿轮润滑油。工业机器人每正常运行 3 年或 10 000 h 后,必须再进行一次预防保养,特别是针对在恶劣工况与长时间在负载极限或运行极限下工作的机器人,需要每年进行一次全面预防性保养。下面介绍机器人日常保养、三个月保养、一年保养的具体内容。

1)日常保养

(1)检查设备的外表有没有灰尘附着。

(2)检查外部电缆是否磨损、压损,各接头是否固定良好,有无松动。

(3)检查冷却风扇工作是否正常。

(4)检查各操作按钮动作是否正常。

(5)检查工业机器人动作是否正常。

2)三个月保养(包括日常保养)

(1)检查各接线端子是否固定良好。

(2)检查工业机器人本体的底座是否固定良好。

(3)清扫内部灰尘。

3)一年保养(包括日常保养、三个月保养)

(1)检查控制箱内部各基板接头有无松动。

(2)检查内部各线有无异常情况(如各接点是否有断开的情况)。

(3)检查本体内配线是否断线。

(4)检查工业机器人的电池电压是否正常(正常为 3.6 V)。

(5)检查工业机器人各轴电动机的制动是否正常。

(6)检查各轴的传动带张紧度是否正常。

(7)给各轴减速机加工业机器人专用油。

(8)检查各设备电压是否正常。

【任务书】

姓名		任务名称	怎样用好工业机器人
指导教师		同组人员	
计划用时		实施地点	工业机器人实训室
时间		备注	
任务内容			
1. 描述工业机器人安全操作规程。			
2. 描述工业机器人的日常安装方法及注意事项。			
3. 描述工业机器人的维护与日常保养的内容。			

	描述工业机器人安全操作规程
考核项目	描述工业机器人的日常安装方法及注意事项
	描述工业机器人的维护与日常保养
	使用PPT汇报怎样用好工业机器人

【任务完成报告】

姓名		任务名称	怎样用好工业机器人
班级		小组人员	
完成日期		分工内容	

1. 描述工业机器人安全操作规程

2. 描述工业机器人的日常安装方法及注意事项

3. 描述工业机器人的维护与日常保养的内容

续表

4.使用 PPT 汇报怎样用好工业机器人

【任务测评】

项目	评价要素	评价标准	自我评价			教师评价	综合评价
			掌握	知道	再学		
知识准备	资料准备	参与资料收集,整理,自我学习					
	计划制订	能初步制订计划					
	小组分工	分工合理,协调有序					
任务过程	工业机器人的操作规程	内容掌握与理解					
	工业机器人的安装	内容掌握与理解					
	工业机器人的日常维护	内容掌握与理解					
	总结	内容掌握与理解					
拓展能力	知识迁移	能实现前后知识的迁移					
	应变能力	能举一反三,提出改进建议或方案					
学习态度	主动程度	自主学习,主动性强					
	合作意识	协作学习,能与同伴团结合作					
	严谨细致	仔细认真,不出差错					
	问题研究	能在实践中发现问题,并用理论知识解决实践中的问题					
	安全规程	遵守操作规程,安全操作					

任务2.2 工业机器人使用安全规程

【知识点】

1. 了解工业机器人操作安全知识。
2. 掌握工业机器人工作站的安全使用注意事项以及不同运动模式下的操作提示。
3. 掌握工业机器人集中运行模式下的安全提示。

【技能点】

1. 掌握工业机器人操作的安全注意事项,能够安全规范地操作工业机器人。
2. 能识别工业机器人在操作过程中的危险因素,掌握紧急情况下的处理措施。

【任务描述】

本任务主要介绍操作机器人或机器人系统时应遵守的安全原则和规程。通过该任务的学习,了解ABB工业机器人应用的注意事项。

【知识链接】

保护人员及设备安全是进行工业机器人操作的基本前提。工业机器人操作及维护人员应该具备必要的安全防护知识,学习必要的机器人安全操作规程。在开启工业机器人之前,请仔细阅读工业机器人光盘里的产品手册,并务必阅读产品手册里的安全章节里的全部内容。请在熟练掌握设备知识、安全信息以及注意事项后,再正确使用工业机器人。

2.2.1 工业机器人使用安全环境

1）安全标准

工业机器人的设计、研发、生产和使用过程需要符合多类标准。例如,ABB工业机器人既要符合机械安全、使用安全、气体排放指标、弧焊等特种工艺防护安全等国际标准,也要符合人体工程学机械结构、机器人双臂控制驱动器、可移动式装置防护安全标准等欧洲标准,同时还要符合美国关于工业机器人及机器系统的安全要求、机器人及机械设备的安全标准以及工业机器人的一般安全要求。

2）安全术语

ABB工业机器人的安全术语可分为安全信号和安全标志两类。

（1）安全信号。

安全信号是指为了指明危险等级和危险类型,通过简要描述操作及维修人员未排除险情时会出现的情况,而设计出来的一组图标。ABB工业机器人的安全信号见表2-2-1,可以指导操作及维修人员通过图标提示的危险等级来确定防护级别。

表 2-2-1　ABB 工业机器人的安全信号

标志	名称	含义
	危险 （Danger）	警告,如果不依照说明操作,就会发生事故,并导致严重或致命的人员伤害和/或严重的产品损坏。它适用于诸如碰触高压电气装置、爆炸或火灾、有毒气体、压轧、撞击和从高处跌落等危险所采用的警告
	警告 （Waring）	警告,如果不依照说明操作,可能会发生事故,该事故可造成严重的伤害(可能致命)和/或重大的产品损坏。它适用于诸如触碰高压电气单元、爆炸或火灾、有毒气体、压轧、撞击和从高处跌落等危险所采用的警告
	电击 （Electrical Shock）	针对可能会导致严重的人员伤害或死亡的电气危险的警告
	小心 （Caution）	警告,如果不依照说明操作,可能会造成伤害和/或产品损坏的事故。它适用于包括灼伤、眼部伤害、皮肤伤害、听力损伤、压轧或打滑、跌倒、撞击和从高处跌落等风险的警告。此外,它还适用于某些涉及功能要求的警告消息,即在装配和移除设备过程中出现有可能损坏产品或引起产品故障的情况时,就会采用这一标志
	静电放电 （Electrostatic Discharge，ESD）	针对可能会导致严重产品损坏的电气危险的警告
	注意 （Note）	描述重要的事实和条件
	提示（Tip）	描述从何处查找附加信息或者如何以更简单的方式进行操作

（2）安全标志。

单独或成组粘贴在示教器及控制柜上,包含有关该工业机器人重要信息的一组图标,也可称为安全标签。安全标志可以为操作及维修人员在使用设备前提供必要的操作提示,见表 2-2-2。

表 2-2-2　ABB 工业机器人的安全标志

标志	说明	标志	说明
	拆卸前请先参见产品手册		提升机器人
	请勿拆卸。 拆卸此部件可能会造成伤害		油润滑。 如果不允许使用油润滑,则可与禁止标志结合使用
	扩展旋转。 与标准相比,此轴扩展旋转(工作区域)		机械停止
	制动释放。 按此按钮将释放制动闸。这意味着操纵臂可能会跌下		存储的能源。 警告此部件存有能源,与请勿拆卸标志结合作用
	拧松螺栓时有翻倒风险。 如果螺栓没有固定牢固,则操纵器可能会翻倒		压力。 警告,此部件受压,通常另外印有文字,标明压力大小
	挤压。 挤压伤害风险		用手柄控制。 使用控制器上的电源开关

续表

标志	说明	标志	说明
	热。 热风险可能会造成灼伤		
	移动机器人。 机器人可在意外情况下移动。		
	制动闸释放按钮		禁止。 与其他标志结合使用
	吊环螺栓		产品手册。 有关详细信息,请阅读产品手册

2.2.2 设备安全使用注意事项

1)手动操纵和示教机器人时

(1)禁止用力抽晃机械臂及在机械臂上悬挂重物。

(2)示教时切勿戴手套。

(3)未经许可不能擅自进入工业机器人工作区域。调试人员需要进入工业机器人工作区域时需随身携带示教器,防止他人误操作。

(4)操作工业机器人前,需仔细确认工作站的安全保护装置是否能够正确工作,如急停按钮、安全开关等。

2)手动运行程序和自动模式运行时

(1)在手动操纵工业机器人时,要采用较低的倍率速度或者设置增量运行,以更好地控制工业机器人。

(2)使用摇杆操纵机器时要预先考虑好工业机器人的运动趋势,确保不会发生干涉。

(3)在察觉到有危险时,应立即按下急停按钮,停止工业机器人工作站运转。

(4)使用由其他系统编制的程序或者是第一次运行程序时,要先单步运行一遍确认动作,之后再连续运行该程序。

(5)在按下示教器上的启动键运行程序之前,要了解工业机器人程序将要执行的全部任务并考虑工业机器人的运动趋势,确认该路径不会发生干涉。

(6)工业机器人处于自动模式时,严禁进入工业机器人本体动作范围内。

(7)必须知道所有会影响工业机器人移动的开关、传感器和控制信号的位置和状态。

(8)永远不要认为工业机器人没有移动,其程序就已经完成,此时,工业机器人很可能是在等待让它继续移动的输入信号。

2.2.3 工业机器人安全使用规程

操作工业机器人或工业机器人系统时应遵守的安全原则和规程如下。

1)关闭总电源

在进行工业机器人的安装、维修和保养时切记要将总电源关闭。带电作业可能会产生致命后果。如不慎遭高压电击,可能会导致灼伤、心跳停止或其他严重伤害。

2)与工业机器人保持足够安全距离

在调试与运行工业机器人时,它可能会执行一些意外的或不规范的运动,并且所有的运动都会产生很大的力量,从而严重伤害个人或损坏机器人工作范围内的设备,所以应时刻与工业机器人保持足够的安全距离。

3)静电放电危险防护

静电放电(ESD)是电势不同的两个物体间的静电传导,它可以通过直接接触传导,也可以通过感应电场传导。搬运部件或部件容器时,未接地的人员可能会传导大量的静电荷,这一放电过程可能会损坏敏感的电子设备。所以在有此标志的情况下,要做好静电放电防护。

4)紧急停止

紧急停止优先于任何其他工业机器人控制操作。它会断开工业机器人电动机的驱动电源,停止所有运转部件,并切断由工业机器人系统控制且存在潜在危险的功能部件的电源。出现下列情况时请立即按下任意紧急停止按钮。

(1)工业机器人运行中,工作区域内有工作人员。

(2)工业机器人伤害了工作人员或损伤了机械设备。

5)灭火

发生火灾时,确保全体人员安全撤离后再行灭火。应首先处理受伤人员,当电气设备(如工业机器人或控制器)起火时,应使用一氧化碳灭火器。切勿使用水或泡沫灭火器。

6)工作中的安全

工业机器人速度慢,但运动中的停顿或停止都会产生危险。即使可以预测运动轨迹,但外部信号有可能改变操作,会在没有任何警告的情况下产生意想不到的运动。因此,当进入保护空间时,务必遵循所有的安全条例。

(1)如果在保护空间内有工作人员,请手动操作工业机器人系统。

(2)当进入保护空间时,请准备好示教器,以便随时控制工业机器人。

(3)注意旋转或运动的工具,确保在接近工业机器人之前工具已经停止运动。

(4)工业机器人电动机长期运转后温度很高,应注意工件和工业机器人系统的高温表面。

(5)如果夹具打开,工件会脱落并导致人员伤害或设备损坏,应注意夹具并确保夹好工件。

(6)注意液压、气压系统及带电部件。即使断电,这些电路上的残余电量也很危险。

7)示教器的安全

示教器是工业机器人系统的重要部件之一,是一种高品质的手持式终端,它配备了高灵敏度的电子设备。为避免操作不当引起的故障或损害,应在操作时遵循以下说明。

(1)小心操作,不要摔打、抛掷或重击示教器,这样会导致其破损或出现故障。在不使用该设备时,应将它挂到专门存放它的支架上,以防意外掉到地上。

(2)如果示教器受到撞击,则始终要验证并确定其安全功能(使能装置和紧急停止)工作正常且未损坏。

(3)示教器的使用和存放应避免被人踩踏电缆,始终要确保电缆不会将人绊倒;设备不使用时,应将其放置于立式壁架(卡座)上,防止意外脱落。

(4)切勿使用锋利的物体(如螺钉旋具或笔尖)操作触摸屏,否则会使触摸屏受损。应用手指或触摸笔操作示教器触摸屏。

(5)定期清洁触摸屏。灰尘和小颗粒可能会挡住屏幕,造成故障。

(6)切勿使用溶剂、洗涤剂或擦洗海绵清洁示教器,应使用软布蘸少量水或中性清洁剂清洁。

(7)没有连接 USB 设备时务必盖上 USB 端口的保护盖。如果端口暴露到灰尘中,那么它会中断或发生故障。

8)手动模式下的安全

手动模式用于对工业机器人系统进行编程和调试。手动模式可分为两种:手动减速模式和手动全速模式。在手动模式下,为避免操作不当引起的故障或损坏,须在操作时遵循以下规则。

(1)在手动减速模式下,工业机器人只能减速(250 mm/s 或更慢)操作。只要在安全保护空间内工作,就应始终以手动速度进行操作。

(2)在手动全速模式下,工业机器人以程序预设速度移动。手动全速模式应仅用于所有人员都位于保护空间之外时,而且操作人员必须经过特殊训练,熟知潜在的危险。

(3)忽略安全保护机制:在手动模式下操作时,将忽略自动模式安全保护停止(AS)机制。

(4)使能机制:在手动模式下,工业机器人的电机将由示教器上的使能器启动,即只有按下使能开关才能使工业机器人运动。

（5）"止动"功能：要在手动全速模式下运行程序，为安全起见，必须同时按住使能开关和 Star（启动）按钮以启动"止动"功能。该功能允许在手动全速模式下单步或连续运行程序。

9）自动模式下的安全

自动模式用于车间生产中运行工业机器人程序。在自动模式下，使能开关断开，工业机器人在没有人工干预的情况下运行；在自动模式下，常规模式停止（GS）机制、自动模式停止（AS）机制和上级停止（SS）机制都将处于活动状态；在自动模式下，为避免操作不当引起的故障或损坏，应遵循以下规则。

（1）操作速度：在自动模式下，工业机器人以预设的速度运行（移动）。工业机器人自动运行时，所有人员都应位于安全保护空间之外，而且操作人员必须经过特殊训练，熟知潜在的危险。

（2）有效安全保护机制：在自动模式下，常规模式安全停止（GS）机制、自动模式安全停止（AS）机制、上级安全停止（SS）机制和紧急停止（ES）机制都处于活动状态。

（3）系统链干扰：自动模式下的工业机器人作为生产线的一部分，一旦出现故障，就会影响整个系统。此时，生产线人员必须准备备用工业机器人，以便替换故障工业机器人。

2.2.4　控制柜的安全保护机制

控制柜是工业机器人系统最重要的部件，是工业机器人系统的心脏。为避免操作不当引起故障或损坏，在操作时须遵循以下规则。

（1）控制柜提供了四种安全保护机制，见表2-2-3。

表 2-2-3　控制柜的安全保护机制

安全保护	保护机制
GS（常规模式）	在任何操作模式下都有效
AS（自动模式）	在自动操作模式下有效
SS（上级保护）	在任何操作模式下都有效
ES（紧急停止）	在急停按钮被按下时有效

（2）控制柜可以持续监控硬件和软件的功能，一旦检测到任何问题或错误，将启动如表2-2-4所示的故障应对机制。

表 2-2-4　故障应对机制

故障程度	应对机制
简单且易于解决	发出简单的程序停止指令（SYSSTOP）
轻微并且可能解决	发出 SYSHALT 指令，实施安全停止
严重，如导致硬件损坏	发出 SYSFALT 指令，实施紧急停止，必须重新启动控制器才能返回正常操作

【任务实施】

（1）重新启动锁定的示教器。

在由于软件错误或误用而锁定示教器的情况下，可以使用控制杆或者使用重置按钮（位于带有 USB 端口的示教器背面）解除锁定。

示教器解除锁定的操作步骤见表 2-2-5。

表 2-2-5　示教器解除锁定的操作

步骤	操作	参考信息
1	将控制杆向右完全倾斜移动三次	控制杆必须移动到其极限位置
2	将控制杆向左完全倾斜移动一次	
3	将控制杆向下完全倾斜移动一次	
4	随即显示一个对话框，点击 Reset（重置）	重新启动 FlexPendant

（2）进行控制柜与工业机器人本体安装练习，通过电气连接后，工业机器人达到上电要求。

（3）进行工业机器人上电训练，正确掌握上电顺序，操作工业机器人或工业机器人系统时应遵守安全原则和规程。

（4）关闭总电源。

提示：

在进行工业机器人的安装、维修和保养时切记要将总电源关闭。带电作业可能会产生致命性后果。如果不慎遭高压电击，可能会导致心跳停止、灼伤或其他严重伤害。

在得到停电通知时，要预先关断工业机器人的主电源及气源。

当突然停电后，要在来电之前预先关闭工业机器人的主电源开关，并及时取下夹具上的工件。

【任务书】

姓名		任务名称	工业机器人使用安全规程
指导教师		同组人员	
计划用时		实施地点	工业机器人实训室
时间		备注	

续表

任务内容
1.描述工业机器人使用安全环境。
2.描述手动操纵和示教机器人时的安全使用注意事项。
3.描述手动运行程序和自动模式运行时的安全使用注意事项。
4.描述工业机器人安全使用规程。
5.描述控制柜的安全保护机制

考核项目	工业机器人使用安全环境
	手动操纵和示教机器人时的安全使用注意事项
	手动运行程序和自动模式运行时的安全使用注意事项
	工业机器人安全使用规程
	控制柜的安全保护机制

【任务完成报告】

姓名		任务名称	工业机器人使用安全规程
班级		小组人员	
完成日期		分工内容	
1.描述工业机器人使用安全环境			
2.描述手动操纵和示教机器人时的安全使用注意事项			

续表

3. 描述手动运行程序和自动模式运行时的安全使用注意事项
4. 描述工业机器人安全使用规程
5. 描述控制柜的安全保护机制

【任务测评】

项目	评价要素	评价标准	自我评价			教师评价	综合评价
			掌握	知道	再学		
知识准备	资料准备	参与资料收集,整理,自我学习					
	计划制订	能初步制订计划					
	小组分工	分工合理,协调有序					

项目	评价要素	评价标准	自我评价			教师评价	综合评价
			掌握	知道	再学		
任务过程	重新启动锁定的示教器	操作正确性、熟练程度					
	控制柜与机器人本体安装	操作正确性、熟练程度					
	工业机器人上电	操作正确性、熟练程度					
	重新启动锁定的示教器	操作正确性、熟练程度					
	控制柜与机器人本体安装	操作正确性、熟练程度					
拓展能力	知识迁移	能实现前后知识的迁移					
	应变能力	能举一反三，提出改进建议或方案					
学习态度	主动程度	自主学习，主动性强					
	合作意识	协作学习，能与同伴团结合作					
	严谨细致	仔细认真，不出差错					
	问题研究	能在实践中发现问题，并用理论知识解决实践中的问题					
安全规程		遵守操作规程，安全操作					

任务2.3　工业机器人的维护与保养

【知识点】

1. 了解工业机器人系统控制柜的维护与保养。

2. 了解工业机器人本体的维护。

【技能点】

1. 掌握示教器的清洁方法。

2. 会清洗/更换滤布。

3.会更换电池。

4.会进行轴制动测试。

【任务描述】

本任务主要介绍工业机器人的维护和保养的知识,先进行理论讲解,然后对工业机器人进行实际检查、维护,应掌握工业机器人维护和保养的知识点与实际操作技能。

【知识链接】

工业机器人在恶劣条件下运行,所以必须定期进行常规检查和预防性维护。

2.3.1　工业机器人系统控制柜的维护与保养

1)检查控制器的散热情况

确保以下影响散热的因素无一出现。

(1)控制器覆盖了塑料或其他材料。

(2)控制器后面和侧面没有留出足够间隔(120 mm)。

(3)控制器的位置靠近热源。

(4)控制器顶部放有杂物。

(5)控制器过脏。

(6)一台或多台冷却风扇不工作。

(7)风扇进口或出口堵塞。

(8)空气滤布过脏。

2)示教器的清洁

应从实际需要出发按适当的频度清洁示教器;尽管面板漆膜能耐受大部分溶剂的腐蚀,但仍应避免接触丙酮等强溶剂;若有条件,示教器不用时应拆下并放置在干净的场所。

3)清洗控制器内部

应根据环境条件按适当间隔(如每年一次)清洁控制器内部,须特别注意冷却风扇和进风口/出风口的清洁。清洁时使用除尘刷,并用吸尘器吸去刷下的灰尘。请勿用吸尘器直接清洁各部件,否则会导致静电放电,进而损坏部件。

注意:清洁控制器内部前,一定要切断电源!

4)清洗/更换滤布

(1)找到控制柜的滤布。

(2)提起并去除滤布架。

(3)取下滤布架上的旧滤布。

(4)将新滤布插入滤布架。

(5)将装有新滤布的滤布架滑入就位。

注意:除更换滤布外,也可选择清洗滤布。在加有清洁剂的30~40 ℃水中清洗滤布3~

4次。不得拧干滤布,可以将滤布放置在平坦表面晾干,也可以用洁净的压缩空气将其吹干净。

5)更换电池

每月和长假前,必须在硬件报警中查看是否有 SMB 电池电量不足报警,SMB 电池电量消耗完后会造成零位丢失。SMB 电池为一次性电池(非充电电池)。电池需要更换时,消息日志中会出现一条信息。该信息出现后电池电量可维持约 1 800 h(建议在上述信息出现时更换电池)。SMB 电池仅在控制柜"断电"的情况下工作,其使用寿命约 7 000 h。

如需更换 SMB 电池,必须先手动操作,分别将机器人 1—6 轴调回零位,否则会导致机器人零位丢失。

6)检查冷却器

冷却回路采用免维护密闭系统设计,需按要求定期检查和清洁外部空气回路的各个部件;环境湿度较大时,需检查排水口是否定期排水。

操作步骤如下:

(1)拆下冷却器外壳的百叶窗,断开显示器接头。

(2)从百叶窗取下滤布(若有),用吸尘器清洁滤布,或视需要更换。

(3)拧下 4 个螺钉,卸下外部回路风扇。

(4)拔下风扇接头。

(5)拧下 4 个螺钉,取下盖板。

(6)将显示器电缆向后推,穿过电缆接头。

(7)拆下冷却器外壳的盖板。

(8)拆下盖板与外壳间的接地电缆。

(9)用吸尘器或压缩空气清理百叶窗、盖板、风扇、热交换器盘管和压缩机室。可使用去油剂等不易燃洗涤剂祛除顽固油污。

2.3.2　工业机器人本体的维护与保养

1)一般维护

(1)清洗机械手。

应定期清洗机械手底座和手臂。使用溶剂时需谨慎操作,避免使用丙酮等强溶剂。可使用高压清洗设备,但应避免直接向机械手喷射。如果机械手有油脂膜等保护,应按要求去除(避免使用塑料保护)。为防止产生静电,必须使用浸湿或潮湿的抹布擦拭非导电表面,如喷涂设备、软管等,请勿使用干布。

(2)中空手腕。

如有必要,中空手腕视需要清洗,以避免灰尘和颗粒物堆积。用不起毛的布料进行清洁。中空手腕清洗后,可在手腕表面添加少量凡士林或类似物质,以后清洗时更加方便。

（3）定期检查。

视需要经常检查下列要点：

①检查是否漏油，如发现严重漏油，应向维修人员求助。

②检查齿轮游隙是否过大，如发现游隙过大，应向维修人员求助。

③检查控制柜、吹扫单元、工艺柜和机械手间的电缆是否受损。

（4）检查基础固定螺钉。

将机械手固定于基础上的紧固螺钉和固定夹必须保持清洁，不可接触水、酸碱溶液等腐蚀性液体，以避免紧固件腐蚀。如果镀锌层或涂料等防腐蚀保护层受损，需清洁相关零件并涂以防腐蚀涂料。

2）轴制动测试

在操作过程中，每个轴电机制动器都会正常磨损。为确定制动器是否正常工作，必须按照以下所述检查每个轴电机制动器。

（1）运行机械手轴至相应位置，该位置机械手臂总质量及所有负载量达到最大值（最大静态负载）。

（2）电机断电。

（3）检查所有轴是否维持在原位。

如电机断电时机械手仍没有改变位置，则说明制动力矩足够。还可手动移动机械手，检查是否还需要进一步的保护措施。当移动机器人紧急停止时，制动器会帮助停止，因此可能会产生磨损。所以，在机器使用寿命期间需要反复测试，以检验机器是否保持原有的性能。

3）润滑轴副齿轮和齿轮

工具和用品：K-NATE（或 Omega 77）润滑脂、润滑脂泵。

操作步骤如下：

（1）开始执行步骤前，确保机器人及相关系统关闭并处于锁定状态。

（2）将指定类型润滑脂注入润滑脂泵。

（3）每个油嘴中挤入少许（1 g）润滑脂，注意不要挤入太多，以免破坏密封。

4）润滑中空手腕

工具和用品：K-NATE（或 Omega77）润滑脂、润滑脂泵。

每个注脂嘴只需几滴润滑剂（1 g）。不要注入过量润滑剂，否则会损坏腕部密封和内部套筒。将轴4、5、6分别转动90°、180°、270°后再润滑。

5）检查齿轮箱内油位

工业机器人齿轮箱加油塞如图2-3-1所示。

1轴：打开加油塞1和加油塞3或5。

2轴：打开加油塞4和加油塞2或6。

3轴：打开加油塞1。

4、5、6轴：打开加油塞2或3。

注意：3轴臂必须水平放置。

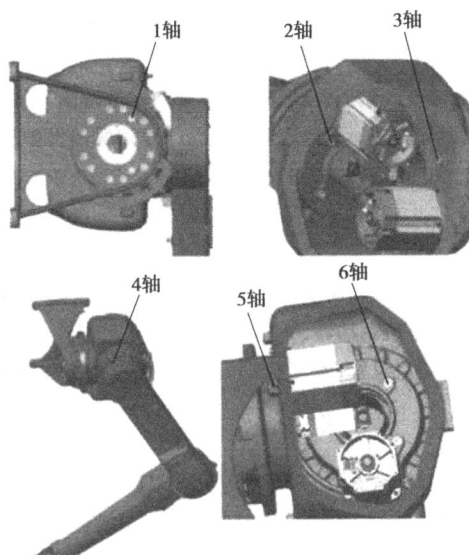

图 2-3-1 工业机器人齿轮箱加油塞

2.3.3 维护周期

工业机器人维护周期如下。

(1)一般维护,1 次/天。

(2)清洗/更换滤布,1 次/500 h。

(3)测量系统电池的更换,2 次/7 000 h。

(4)计算机风扇单元的更换、伺服风扇单元的更换,1 次/50 000 h。

(5)检查冷却器,1 次/月。

(6)轴制动测试,1 次/天。

(7)润滑 3 轴副齿轮和齿轮,1 次/1 000 h。

(8)润滑中空手腕,1 次/500 h。

(9)各齿轮箱内的润滑油,第一次使用满 1 年更换,以后每 5 年更换一次。

时间间隔主要取决于环境条件,视工业机器人运行时数和温度而定;适当确定工业机器人的运行顺畅与否。

【任务书】

姓名		任务名称	工业机器人的维护与保养
指导教师		同组人员	
计划用时		实施地点	工业机器人实训室
时间		备注	

续表

任务内容
1. 检查控制器散热的问题,是否有影响散热的因素。 2. 清洁示教器。 3. 检查冷却器的位置。 4. 检查并清洁机械手和中空手腕。 5. 润滑各个轴。 6. 了解各个部分的维护频率

考核项目	工业机器人的维护周期
	工业机器人系统控制柜的维护与保养
	工业机器人本体的维护与保养

【任务测评】

项目	评价要素	评价标准	自我评价			教师评价	综合评价
			掌握	知道	再学		
知识准备	资料准备	参与资料收集,整理,自我学习					
	计划制订	能初步制订计划					
	小组分工	分工合理,协调有序					
任务过程	检查控制器	操作正确性、熟练程度					
	清洁示教器	操作正确性、熟练程度					
	检查冷却器	操作正确性、熟练程度					
	清洁机械手和空中手腕	操作正确性、熟练程度					
	润滑各个轴	操作正确性、熟练程度					
拓展能力	知识迁移	能实现前后知识的迁移					
	应变能力	能举一反三,提出改进建议或方案					

项目	评价要素	评价标准	自我评价			教师评价	综合评价
			掌握	知道	再学		
学习态度	主动程度	自主学习,主动性强					
	合作意识	协作学习,能与同伴团结合作					
	严谨细致	仔细认真,不出差错					
	问题研究	能在实践中发现问题,并用理论知识解决实践中的问题					
	安全规程	遵守操作规程,安全操作					

◇ **项目小结**

本项目介绍了工业机器人使用中应注意的事项,以及在操作工业机器人或工业机器人系统时应遵守的安全原则和规程、工业机器人的维护和保养的知识,讲解了如何对工业机器人进行检查、维护和保养的知识点与实际操作技能。

◇ **思考与练习**

1. 简述工业机器人的优势。

2. 工业机器人维护应注意什么?

3. 工业机器人在安装过程中应注意哪些问题?

模块二

工业机器人的基础操作

项目 3　工业机器人的启动

◇ **项目引入**

　　在了解了 ABB 工业机器人基本构成后，要对工业机器人进行基本的操作和进行编程之前，最重要的一个基础性操作就是机器人的开关机操作和重启操作。

◇ **知识目标**

　　1. 了解工业机器人的开关机操作。

　　2. 了解工业机器人的重启操作。

◇ **能力目标**

　　1. 会对机器人进行开关机操作。

　　2. 会对机器人进行重启操作。

◇ **素质目标**

　　1. 具有发现问题、分析问题、解决问题的能力。

　　2. 具有高度责任心和良好的团队合作能力。

　　3. 培养良好的职业素养和一定的创新意识。

　　4. 养成"认真负责、精检细修、文明生产、安全生产"等良好的职业道德。

任务 3.1　工业机器人的开关机

【知识点】

掌握开关机的操作步骤。

【技能点】

机器人开关机操作。

【任务描述】

在了解 ABB 工业机器人基本构成的基础上，按照步骤正确地进行开关机操作。

【知识链接】

工业机器人系统必须始终装备相应的安全设备，如隔离防护装置（防护栅、门等）、紧急停止按钮、失电制动装置、轴范围限制装置等。

ABB 工业机器人及工作站的安全防护装置如图 3-1-1 所示。在安全防护装置不完善的情况下，运行工业机器人系统可能造成人员受伤或财产损失，所以在安全防护装置被拆下或关闭的情况下，不允许运行工业机器人系统。

防护栏是工业机器人工作时不可缺少的隔离装置。它的作用是防止非工业机器人操作人员或参观人员进入工业机器人工作范围内，造成人员受伤或财产损失。操作人员不小心误将工业机器人冲破防护栏对人员造成损伤时，可起到警示作用。

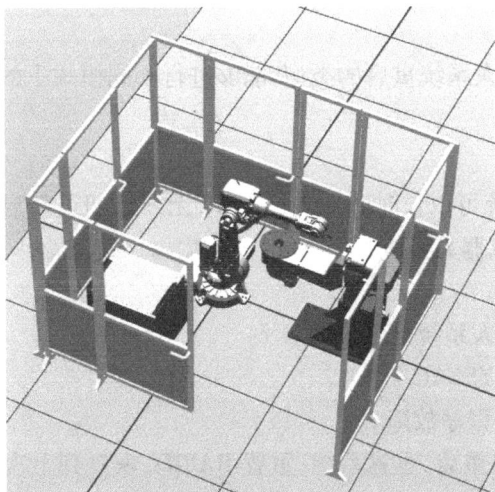

图 3-1-1　ABB 工业机器人及工作站的安全防护装置

工业机器人实际操作第一步就是开机，只要将工业机器人控制柜上的总电源旋钮顺时针从"OFF"扭转到"ON"即可。

当完成工业机器人操作或维修时，需要关闭工业机器人系统。关闭工业机器人系统，只需将工业机器人控制柜上的总电源旋钮逆时针从"ON"扭转到"OFF"即可,如图3-1-2所示。

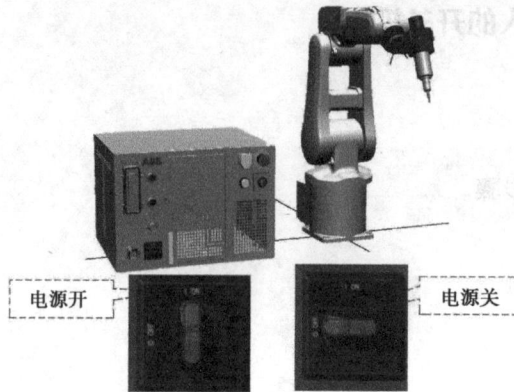

图 3-1-2　启动和关闭机器人系统

任务3.2　工业机器人的重启

【知识点】

掌握工业机器人系统重启的操作步骤。

【技能点】

工业机器人系统的重启。

【任务描述】

了解 ABB 工业机器人系统重启的类型,能够进行不同模式下的重新启动操作。

【知识链接】

ABB 工业机器人系统可以长时间地进行工作,无须定期重新启动运行。但出现以下情况时需要重新启动工业机器人系统:

(1)安装了新的硬件。

(2)更改了工业机器人系统配置参数。

(3)出现系统故障(SYSFAIL)。

(4)RAPID 程序出现程序故障。

重新启动的类型包括重启、重置系统、重置 RAPID、恢复到上次自动保存的状态和关闭主计算机。重新启动的各类型说明见表3-2-1。

表 3-2-1　重新启动的各类型说明

重新启动类型	说明
重启	使用当前的设置重新启动当前系统

重新启动类型	说明
重置系统	重启并将丢弃当前的系统参数设置和 RAPID 程序,将会使用原始的系统安装设置
重置 RAPID	重启并将丢弃当前的 RAPID 程序和数据,但会保留系统参数设置
恢复到上次自动保存的状态	重启并尝试回到上一次自动保存的系统状态。一般在从系统崩溃中恢复时使用
关闭计算机	关闭工业机器人控制系统,应在控制器 UPS 故障时使用

重新启动操作步骤如下:

(1)单击 ABB 按钮,单击"重新启动",如图 3-2-1 所示。

图 3-2-1 单击"重新启动"

(2)单击"高级…",如图 3-2-2 所示。

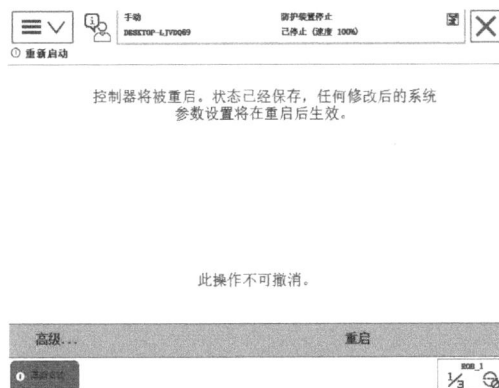

图 3-2-2 单击"高级…"

(3)界面显示常用的重启类型,如图 3-2-3 所示。

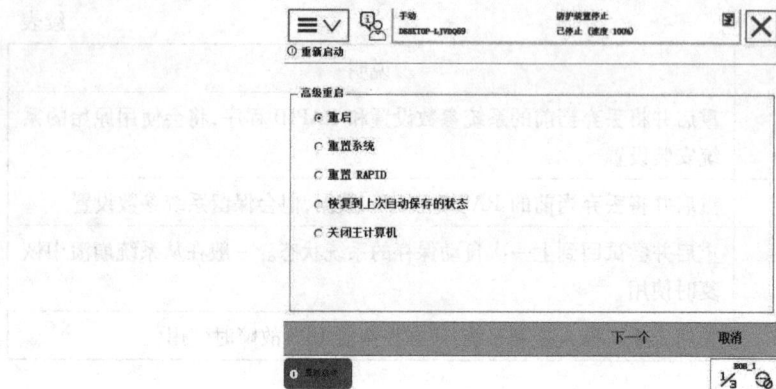

图 3-2-3　"高级重启"界面

（4）以重置 RAPID 为例说明重新启动的操作：单击"重置 RAPID"，然后单击"下一个"，如图 3-2-4 所示。

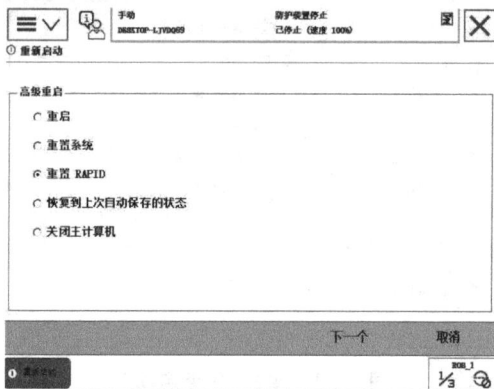

图 3-2-4　单击"重置 RAPID"

（5）界面显示重置 RAPID 的提示信息，然后单击"重置 RAPID"等待重新启动的完成，如图 3-2-5 所示。

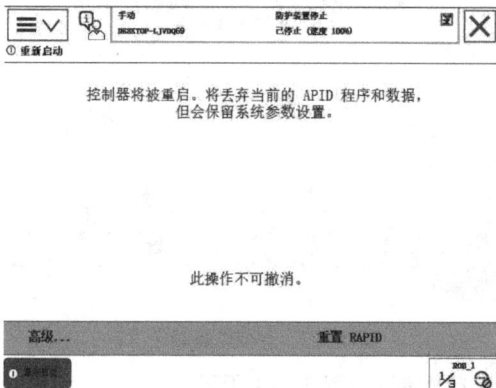

图 3-2-5　单击"重置 RAPID"

【任务书】

姓名		任务名称	工业机器人的开关机、重启
指导教师		同组人员	
计划用时		实施地点	工业机器人实训室
时间		备注	
任务内容			
1.描述工业机器人开关机的步骤及注意事项。 2.描述工业机器人重新启动的步骤及注意事项。			
考核项目	工业机器开关机		
	工业机器人重新启动		

【任务完成报告】

姓名		任务名称	工业机器人的开关机、重启
班级		小组人员	
完成日期		分工内容	
1.描述工业机器人开关机的步骤及注意事项			
2.描述工业机器人重新启动的步骤及注意事项			

【任务测评】

项目	评价要素	评价标准	自我评价			教师评价	综合评价
			掌握	知道	再学		
知识准备	资料准备	参与资料收集,整理,自我学习					
	计划制订	能初步制订计划					
	小组分工	分工合理,协调有序					
任务过程	工业机器人开关机	内容掌握与理解					
	工业机器人重新启动	内容掌握与理解					
	总结	内容掌握与理解					
拓展能力	知识迁移	能实现前后知识的迁移					
	应变能力	能举一反三,提出改进建议或方案					
学习态度	主动程度	自主学习,主动性强					
	合作意识	协作学习,能与同伴团结合作					
	严谨细致	仔细认真,不出差错					
	问题研究	能在实践中发现问题,并用理论知识解决实践中的问题					
安全规程		遵守操作规程,安全操作					

项目4　工业机器人示教器的使用

◇ 项目引入

　　工业机器人技术已广泛应用于工业、医学、科研和国防等各个领域,发挥着重要作用,示教装置是工业机器人的重要组成部分,熟练地使用示教器手动操纵工业机器人是进行工业机器人现场编程的基础。示教器是工业机器人系统中重要的人机交互部件,是进行工业机器人的手动操作、程序编写、参数配置以及监控用的手持装置。在工业机器人工作站及生产线调试过程中,主要利用示教器进行现场编程;在日常生产过程中,主要利用示教器进行程序的微调和工业机器人动作的优化;在工业机器人保养及故障维护过程中,主要利用示教器进行系统测试等工作。

　　工业机器人的示教器可在恶劣的工业环境下持续运作,其触摸屏易于清洁,且防水、防油、防溅泼。工业机器人的示教器本身就是一台完整的计算机,通过集成线缆和接头连接到控制器。通过本项目的学习,大家可以认识 ABB 工业机器人的示教器 FlexPendant 及通过示教器 FlexPendant 对工业机器人数据进行备份与恢复、查看常用信息与事件日志、更新工业机器人的转数计数器等。

◇ 知识目标

　　1.认识 ABB 工业机器人示教器的基本结构。

　　2.了解 ABB 工业机器人示教器相关操作按钮的作用。

　　3.掌握工业机器人常用信息和事件日志的查看方法。

　　4.掌握工业机器人数据备份与恢复的方法。

◇ 能力目标

　　1.掌握示教器各个按键的用途。

　　2.掌握示教器的使用步骤。

　　3.能正确设定示教器的语言和时间。

　　4.能够查看事件日志,筛选关键报警记录,实时监控机器人运行状态。

　　5.在系统故障后,能够通过示教器从备份文件中恢复数据,确保机器人快速恢复正常运行。

◇ 素质目标

　　1.具有发现问题、分析问题、解决问题的能力。

　　2.具有高度责任心和良好的团队合作能力。

　　3.培养良好的职业素养和一定的创新意识。

　　4.养成"认真负责、精检细修、文明生产、安全生产"等良好的职业道德。

任务4.1 认识工业机器人示教器

【知识点】

1. 熟悉工业机器人示教器的结构及特点。

2. 了解示教器上各按钮的作用。

3. 了解示教器的操作界面。

【技能点】

1. 正确持握 ABB 工业机器人示教器。

2. 正确使用使能器按钮。

3. 会设定示教器的显示语言。

4. 会设定示教器的屏幕方向和亮度。

5. 会设定工业机器人系统的时间。

6. 会配置示教器的可编程按钮。

【任务描述】

操作工业机器人就必须与工业机器人的示教器打交道,ABB 工业机器人的示教器 Flex-Pendant 是一种手持式操作装置,它由硬件和软件组成,用于执行与操作和工业机器人系统有关的许多任务。本任务主要熟悉 ABB 工业机器人示教器的基本结构,掌握正确的示教器操作方法,理解使能器按钮设计的功能并掌握使能器按钮的正确使用方法,以及配置示教器的操作环境等。

【知识链接】

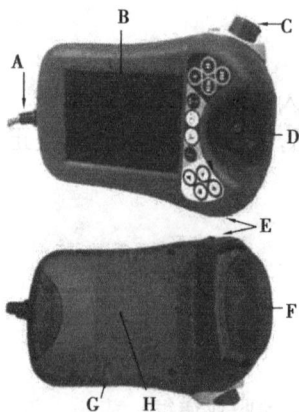

图 4-1-1 示教器的结构

4.1.1 示教器的结构

工业机器人示教器是工业机器人的主要组成部分,通过示教器可以实现对工业机器人的手动操作、参数配置、编程及监控等。

目前,工业机器人的编程还没有统一的国际标准,因此示教器的设计与研究均由各厂家自行研制。图 4-1-1 所示为 ABB 工业机器人的示教器的结构,示教器结构说明见表 4-1-1。

表 4-1-1　示教器结构说明

标号	说明
A	连接电缆
B	触摸屏,进行人机交互
C	急停开关,当发生紧急情况时按下可起到安全保护作用
D	手动操作摇杆,可以手动操纵工业机器人
E	USB 接口,将 USB 存储器连接到 USB 接口以读取或保存文件
F	使能器按钮,保证操纵人员人身安全
G	触控笔,随示教器提供,放在示教器的后面
H	复位按钮,重置示教器

示教器详细解说如下:

(1)连接电缆。

连接电缆指信号线。

(2)触摸屏。

触摸屏又称为触控屏、触控面板,是一种可接收触头等输入信号的感应式液晶显示装置。当接触了屏幕上的图形按钮时,屏幕上的触觉反馈系统可根据预先编好的程序驱动各种连接装置,用以取代机械式的按钮面板,并借由液晶显示画面制造出生动的影音效果。

(3)急停开关。

急停开关也可以称为紧急停止按钮,业内简称急停按钮。顾名思义,急停按钮就是当发生紧急情况的时候,人们可以通过快速按下此按钮来实施保护措施。

(4)手动操作摇杆。

手动操作摇杆也称操纵杆,用来手动操作机器人。机器人的操纵杆好比汽车的油门,操纵杆的操纵幅度与机器人的运动速度相关。

(5)数据备份用 USB 接口。

USB 是一个外部总线标准,用来规范计算机与外部设备的连接和通信,常用于数据备份。

(6)使能器按钮。

使能器按钮是工业机器人为保证操作人员人身安全而设置的。只有在按下使能器按钮,并保持在"电动机开启"的状态时,才可对机器人进行手动的操作与程序的调试。

(7)触摸屏用笔(触控笔)。

触控笔是一种小的笔形工具,用来输入指令到计算机屏幕、移动设备、绘图板等具有触摸屏的设备。用户可以通过触控笔单击触控屏幕来选取文件或绘画。

(8)复位按钮。

复位按钮是主板上的插接线的插接对象之一,按下时它发生短路,松开后又恢复开路,瞬间的短路就会让计算机重启,简单地说就是一个重启按钮。

示教器上,绝大多数的操作都是在触摸屏上完成的,同时也保留了必要的按钮与操作装置。图 4-1-2 所示为示教器上的硬件按钮,示教器上硬件按钮说明见表 4-1-2。

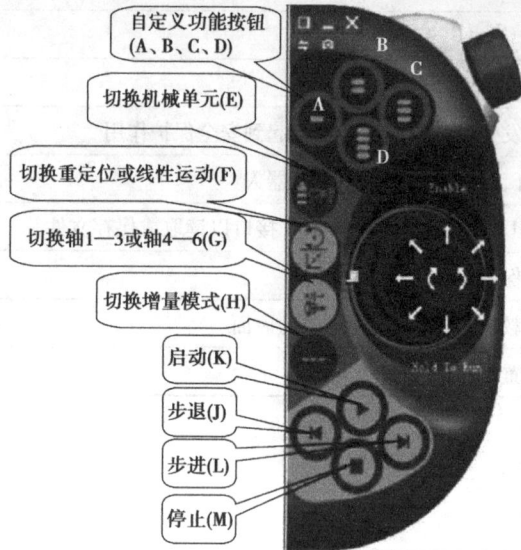

图 4-1-2 示教器上的硬件按钮

表 4-1-2 示教器上硬件按钮说明

标号	说明
A ~ D	预设按钮,1 ~ 4
E	切换机械单元
F	切换运动模式,重定位或线性
G	切换运动模式,轴 1—3 或轴 4—6
H	切换增量模式
J	步退按钮,可使程序后退至上一条指令
K	启动按钮,开始执行程序
L	步进按钮,可使程序前进至下一条指令
M	停止按钮,停止程序执行

4.1.2 示教器的操作

1)示教器的持握方法

在了解了示教器的构造以后,来看看应该如何去拿示教器。

示教器是一种高品质的、配备了高灵敏度电子设备的仪器,在操作时要避免示教器因操作不当引起损害。使用示教器时要采用正确的持握姿势,防止示教器摔落或发生碰撞。持握方法是左手握示教器,将四指按在使能器按钮上,这个时候就能用右手进行屏幕和按钮操作了,如图4-1-3所示。

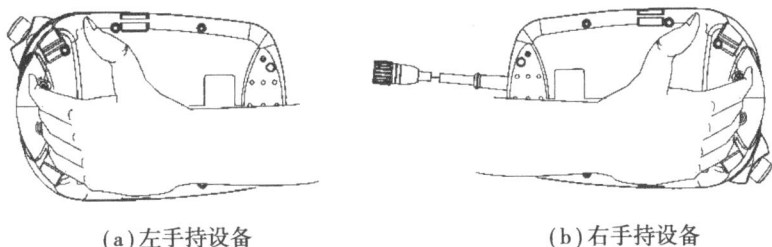

（a）左手持设备　　　　　　　　　　　　（b）右手持设备

图 4-1-3　示教器的持握方法

提示：

示教器是按照人体工程学进行设计的,也同时适合左手操作者操作,只要在屏幕中进行切换就能适应左手操作者的操作习惯。

2）示教器的界面认识

（1）示教器主界面。

示教器上电后的主界面如图4-1-4所示,示教器主界面说明见表4-1-3。

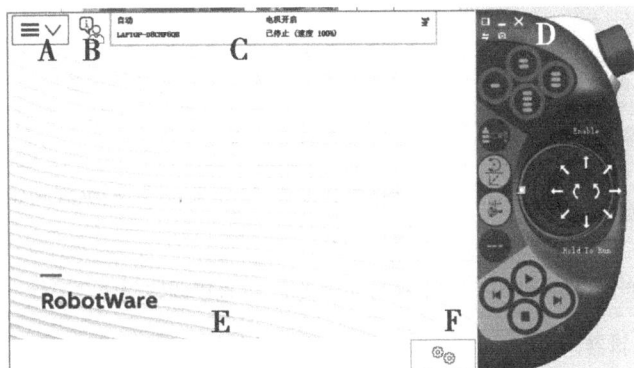

图 4-1-4　示教器上电后的主界面

表 4-1-3　示教器主界面说明

标号	说明
A	ABB 菜单
B	操作员窗口,显示来自工业机器人程序的消息。程序需要操作员做出某种响应以便继续时,往往会出现此情况
C	状态栏,显示与系统状态有关的重要信息,如操作模式、电机开启/关闭、程序状态等
D	关图按钮。单击此按钮将关闭当前打开的视图或应用程序
E	任务栏。通过 ABB 菜单可以打开多个视图,但一次只能操作一个视图。任务栏显示所有打开的视图,并可用于视图切换
F	快速设置菜单。包含对微动控制和程序执行进行的设置

（2）示教器操作界面。

ABB 工业机器人示教器的操作界面包括工业机器人参数设置、工业机器人编程及系统相关设置等功能。示教器操作界面如图 4-1-5 所示，示教器操作界面说明见表 4-1-5。

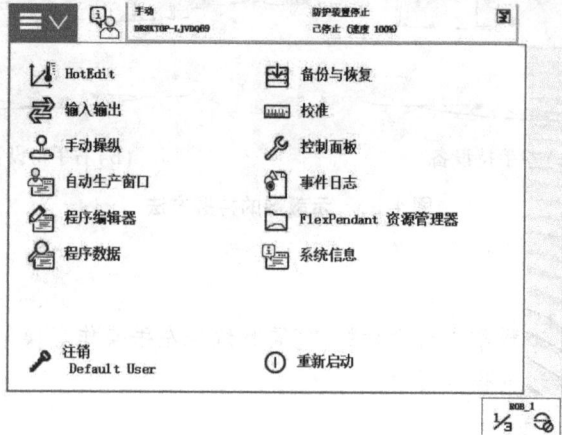

图 4-1-5　示教器操作界面

表 4-1-4　示教器操作界面说明

名称	说明
HotEdit	程序模块下轨迹点位置的补偿设置窗口
输入输出	设置及查看 I/O 视图窗口
手动操纵	动作模式设置、坐标系选择、操纵杆锁定及载荷属性的更改窗口，也可显示实际位置
自动生产窗口	在自动模式下，可直接调试程序并运行
程序编辑器	建立程序模块及例行程序的窗口
程序数据	选择编程时所需程序数据的窗口
备份与恢复	可备份和恢复系统
校准	进行转数计数器和电机校准的窗口
控制面板	进行示教器的相关设定
事件日志	查看当前系统出现的各种提示信息
FlexPendant 资源管理器	查看当前系统的文件
系统信息	查看控制器及当前系统的相关信息

（3）控制面板。

ABB 工业机器人的控制面板可以对工业机器人和示教器进行相关功能设定，如图 4-1-6 所示，控制面板说明见表 4-1-5。

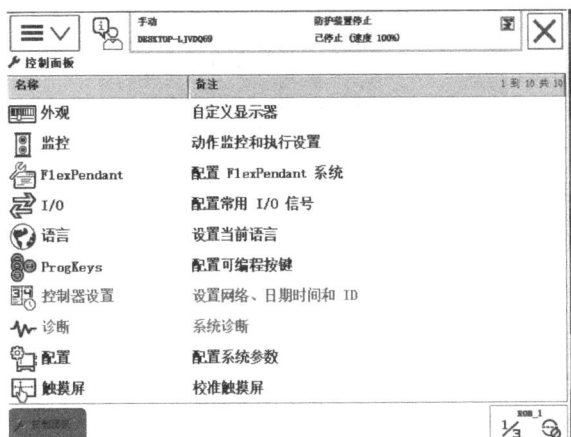

图 4-1-6 控制面板

表 4-1-5 控制面板说明

名称	说明
外观	可自定义显示器的亮度和设置左、右手操作方式
监控	动作监控和执行设置
FlexPendant	示教器操作特性的设置
I/O	配置常用 I/O 信号,在输入输出选项中显示
语言	控制器当前语言的设置
ProgKeys	为指定输入输出信号配置快捷键
控制器设置	控制器日期和时间的设置
诊断	创建诊断文件
配置	配置系统参数
触摸屏	触摸屏重新校准

3) 正确使用使能器按钮

使能器按钮位于示教器手动操作摇杆的右侧如图 4-1-7 所示,操作者应用左手的四个手指进行操作,如图 4-1-8 所示。

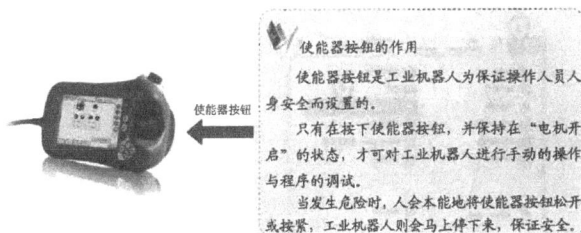

图 4-1-7 使能器按钮

图 4-1-8　左手操作

　　使能器按钮是为保证操作人员进行工业机器人操作时的人身安全而设置的。只有在按下使能器按钮，并保持"电机开启"的状态时，才可以对机器人进行手动操作与程序调试。

　　使能器按钮的使用方法为：使能器按钮分为两挡，在手动状态下第一挡按下去，机器人将处于"电机开启"状态，如图 4-1-9 所示；第二挡按下去以后（用力按到底），工业机器人会处于"防护装置停止"状态，如图 4-1-10 所示。这样设置的目的在于，当发生危险时，人会自然反应地握紧拳头，能通过使能器将工业机器人停止下来。

图 4-1-9　"电机开启"状态

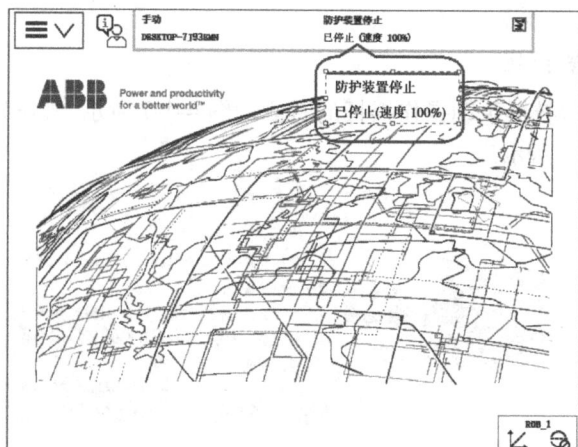

图 4-1-10　"防护装置停止"状态

4) 快速设置菜单的使用

快速设置菜单包含对微动控制和程序执行的设置。快速设置菜单提供了比使用手动操作视图更加快捷的方式,可在各个微动属性之间切换。菜单上的每个按钮显示当前选择的属性值或设置。在手动模式中,快速设置菜单中的按钮显示当前选择的机械单元、运动模式和增量大小。快速设置菜单可以从触摸屏右下角打开。该菜单提供了更加完整的设置内容。

快速设置菜单中的机械装置页面显示了当前的机械单元、工具坐标系、工件坐标系、操纵杆速率、坐标系选择及动作模式的选择,如图 4-1-11 所示。

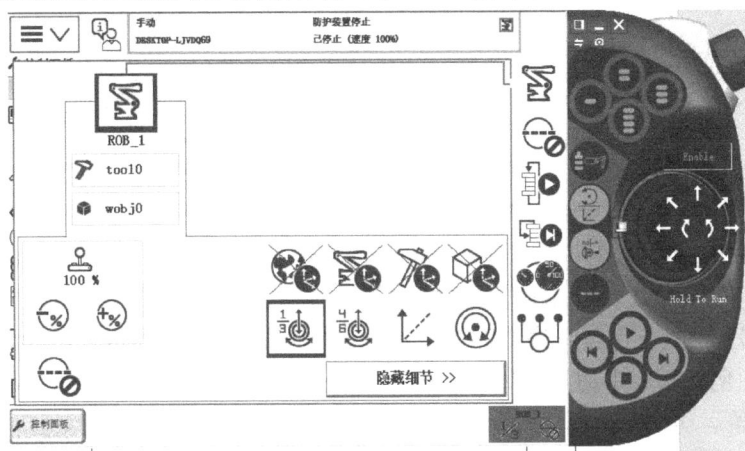

图 4-1-11　快速设置菜单中的机械装置页面

快速设置菜单中的增量设置页面可选择手动操纵需要的增量,如图 4-1-12 所示。采用增量移动对机器人进行微幅调整,可非常精确地进行定位操作。控制杆偏转一次,工业机器人就移动一步。如果控制杆偏转持续数秒,工业机器人就会持续移动(速率为每秒 10 步)。默认模式为无增量模式,此时当控制杆偏转时,机器人将会持续移动。在无增量模式下,摇杆的操纵幅度与机器人的运动速度相关。幅度越大,则机器人运动速度越快;幅度越小,则机器人运动速度越慢。因此,在操作不熟练的情况下,可以先使用增量模式。

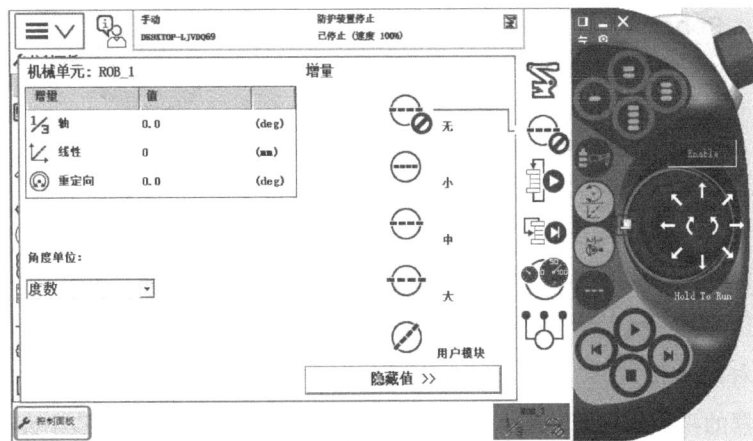

图 4-1-12　快速设置菜单中的增量设置页面

快速设置菜单中的运行模式设置页面既可以定义程序执行一次就停止,也可以定义程序持续循环执行,如图 4-1-13 所示。

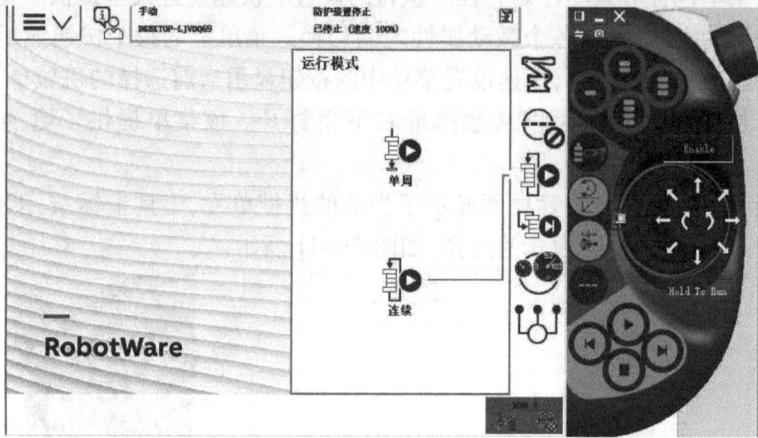

图 4-1-13　快速设置菜单中的运行模式设置页面

快速设置菜单中的步进模式设置页面可以定义逐步执行程序的方式,如图 4-1-14 所示。"步进入"表示单步进入已调用的例行程序并逐步执行程序。"步进出"表示执行当前例行程序的其余部分,然后在例行程序中的下一指令处(即调用当前例行程序的位置)停止,此指令无法在 Main 例行程序中使用。"跳过"表示一步执行调用的例行程序。"下一步行动"表示步进到下一条运动指令。

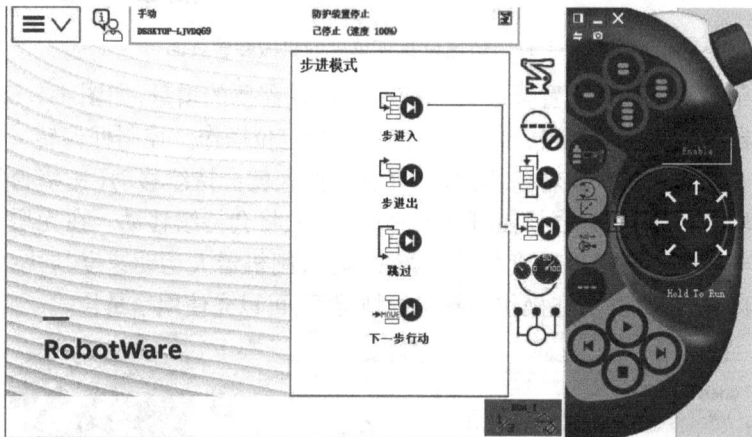

图 4-1-14　快速设置菜单中的步进模式设置页面

快速设置菜单中的速度设置页面适用于当前操作模式,如图 4-1-15 所示。如果在自动模式下降低速度,那么更改模式后该设置仍然保留。

在快速设置菜单中的任务页面中,如果系统安装了 Multitasking 选项,则可以包含多个任务,否则仅可包含一个任务。默认情况下,只能启用/停用正常任务。

5)操纵摇杆的操作

使用示教器的操纵摇杆可以进行上下左右及倾斜方向、旋转等操作,一共有 10 个方向,如图 4-1-16 所示。正确持握示教器,按下快捷键切换为 1—3 轴关节动作模式,并切换为无

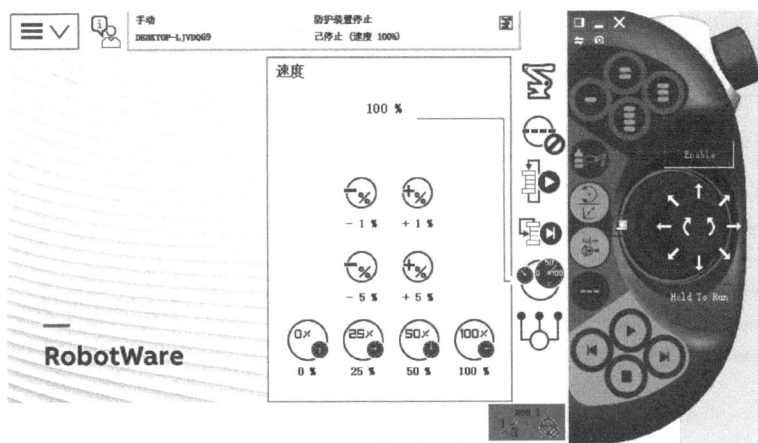

图 4-1-15　快速设置菜单中的速度设置页面

增量模式,然后按下使能按钮,即可使用摇杆操纵工业机器人,注意摇杆的运动幅度。

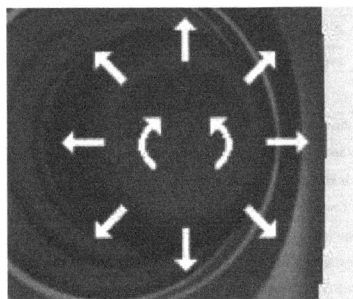

图 4-1-16　示教器的操纵摇杆

提示:

(1)我们可以将工业机器人示教器操纵杆比作汽车的油门,操纵杆的操纵幅度是与工业机器人的运动速度相关的。

(2)操纵幅度较小则工业机器人运动速度较慢,操纵幅度较大则工业机器人运动速度较快。

(3)大家在操作的时候,尽量以小幅度使工业机器人慢慢运动起来。

【任务实施】

1)设置示教器屏幕方向和亮度

(1)设置示教器屏幕方向。

示教器出厂默认的操作姿势为左手握持设备,右手进行操作。示教器屏幕的默认显示方向适合于右手操作者。但是左手操作者在使用示教器时,也可以将示教器屏幕的方向旋转 180°以方便操作。

具体操作步骤见表 4-1-6。

表 4-1-6　设置示教器屏幕方向

图示	操作步骤
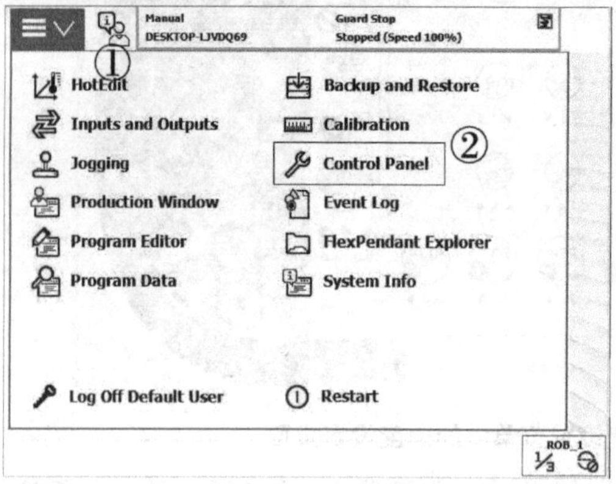	（1）单击"ABB"按钮。 （2）单击"Control Panel"控制面板
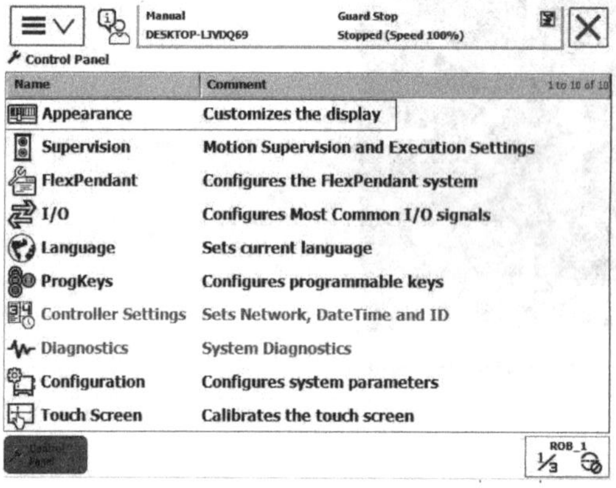	（3）单击"Appearance"
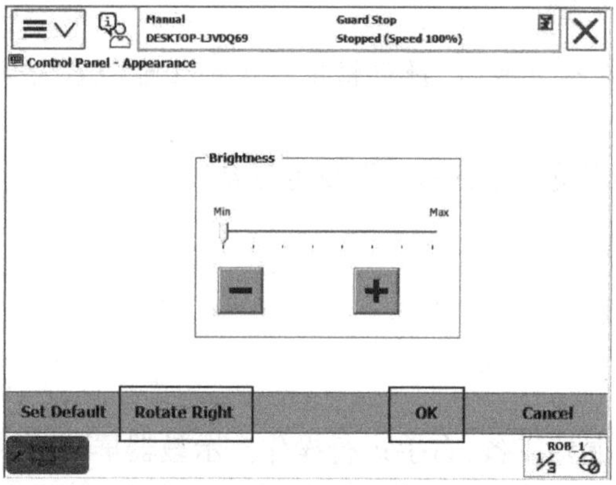	（4）进入外观设置界面后单击"Rotate Right"向右旋转，单击"OK"，即可完成屏幕方向的重新设定

（2）设置示教器屏幕亮度。

设置示教器屏幕亮度见表4-1-7。

表4-1-7 设置示教器屏幕亮度

图示	操作步骤
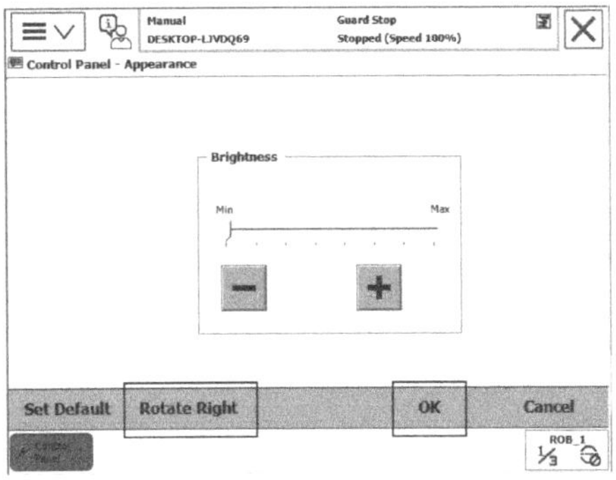	单击"+"或"-"可以对示教器屏幕亮度进行调整

2）设置示教器显示语言

示教器出厂默认设置的显示语言为英语，为了方便操作，可以将默认的显示语言设定为中文，具体操作步骤见表4-1-8。

表4-1-8 设置示教器显示语言

图示	操作步骤
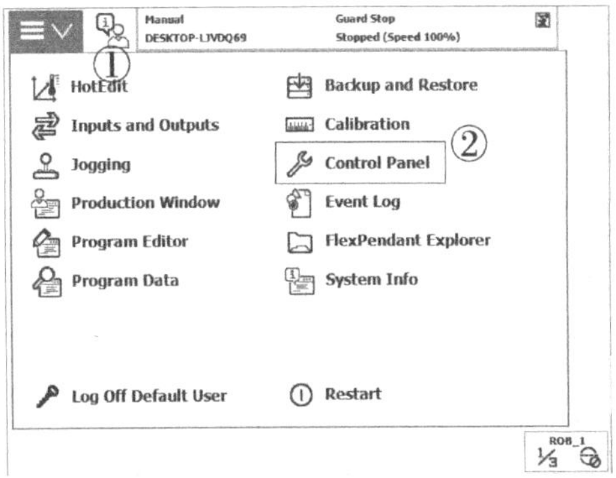	（1）单击"ABB"按钮。 （2）单击"Control Panel"
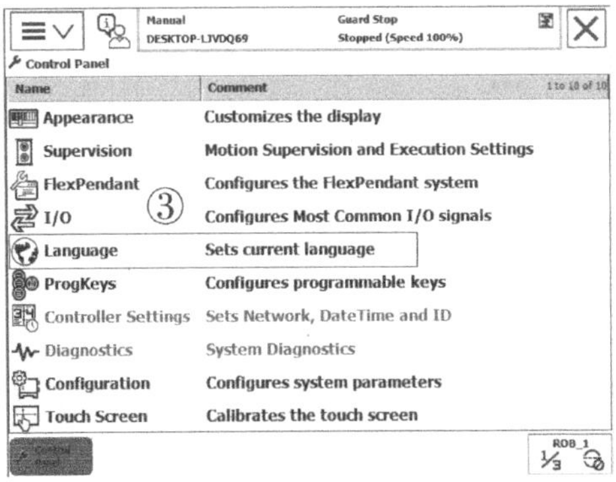	（3）单击"Language"

续表

图示	操作步骤
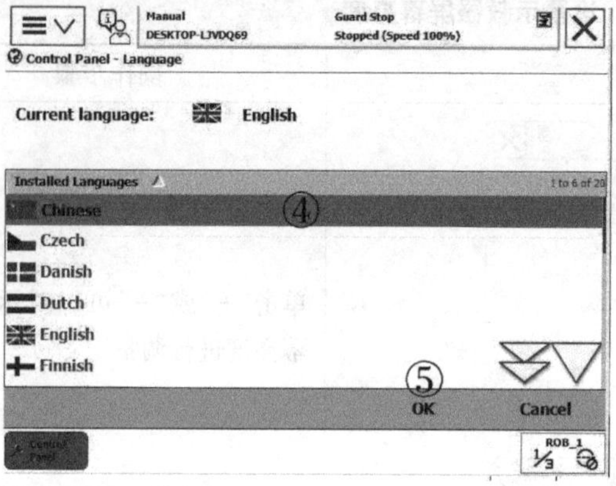	（4）选择"Chinese"。 （5）单击"OK"
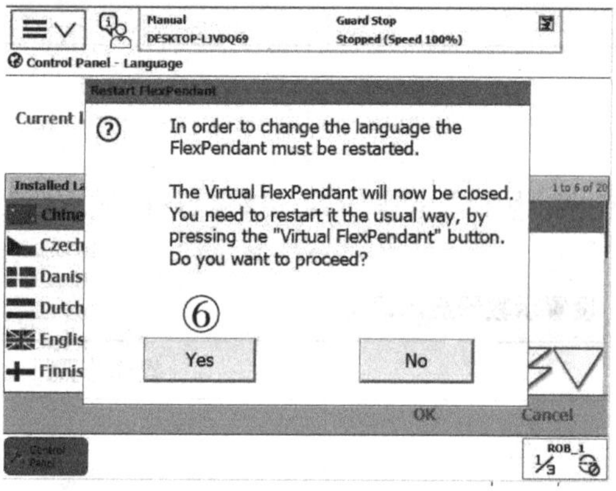	（6）在弹出是否重启对话框中，单击"Yes"按钮后系统重启
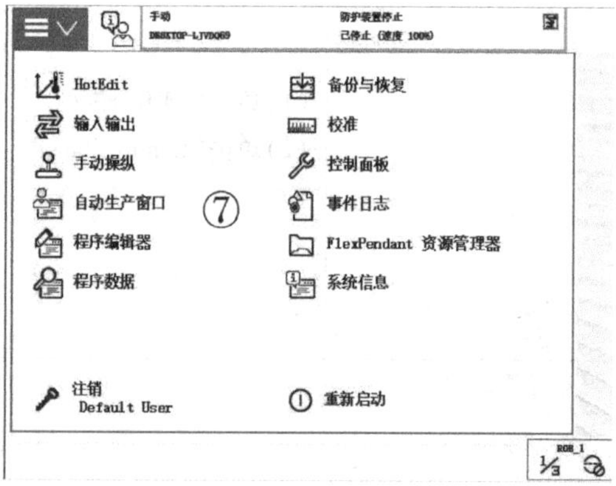	（7）重启后，单击"ABB"按钮将看到示教器菜单已切换为中文界面

经过以上步骤，示教器的语言就被设置成中文了。

提示：

语言切换后，触摸屏按钮、菜单、对话框都将以新的语言显示，但机器人程序指令、变量、系统参数、I/O 信号不受影响。

3)设置工业机器人系统时间

设置正确的工业机器人系统时间可以方便操作者或维修人员进行文件的管理和故障的查阅与管理,因此在进行各种操作之前要将工业机器人的系统时间设置为本地时区的时间。

设置工业机器人系统时间具体操作步骤见表4-1-9。

表 4-1-9 设置工业机器人系统时间

图示	操作步骤
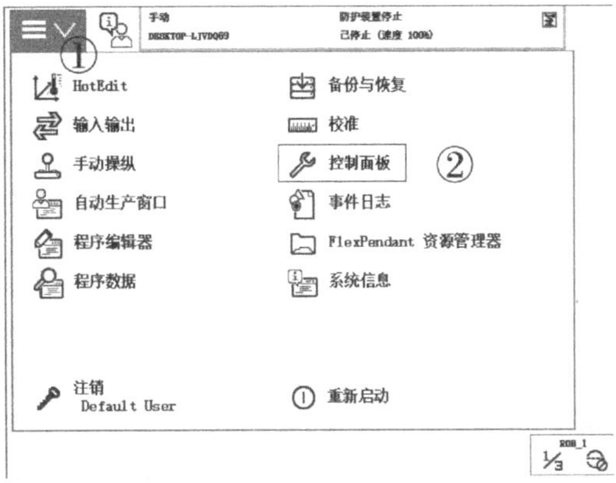	(1)单击"ABB"按钮。 (2)单击"控制面板"
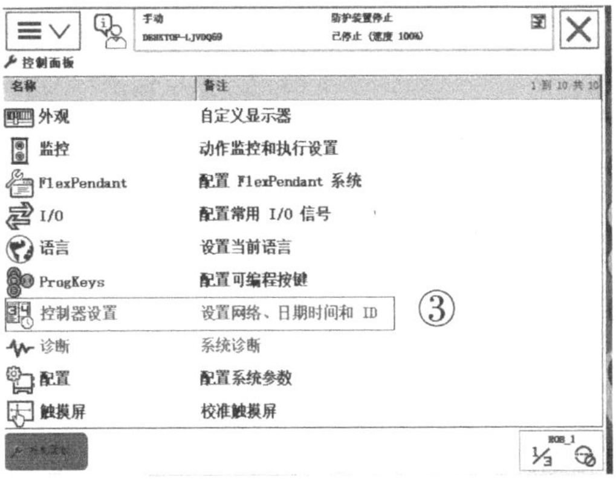	(3)单击"控制器设置",进行日期和时间的修改
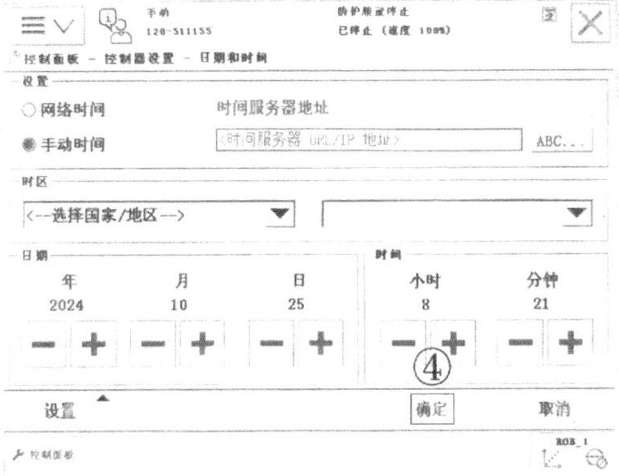	(4)在此画面就能对日期和时间进行设定。日期和时间修改完成后,单击"确定"按钮

通过以上步骤,示教器的系统时间就设定完毕了。

提示：

示教器的系统时间设定在虚拟示教器下无法完成。

4）配置示教器的可编程按钮

由任务一中示教器上硬件按钮可知，可编程按钮1—4可由操作人员配置某些特定功能，以简化编程和测试。下面举例说明为可编程按钮1配置一个数字输出信号do1，具体操作步骤见表4-1-10。

表4-1-10　设置示教器的可编程按钮

图示	操作步骤
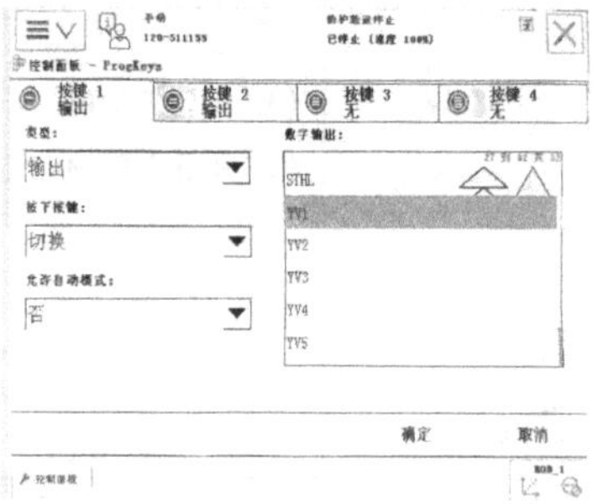	（1）进入配置可编程按钮的界面，可以选择对按钮1—4进行配置，这里单击"按键1"选项卡。 （2）在"类型"下拉列表框中包括"无""输入""输出""系统"选项，因为do1是输出信号，所以应选择"输出"选项
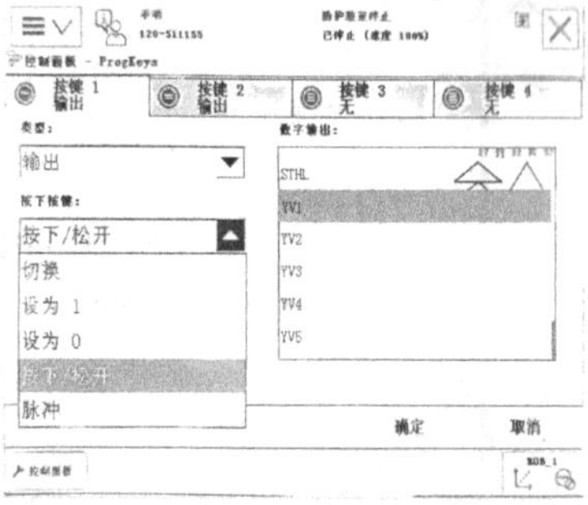	（3）在"数字输出"中选择"YV1"选项。 （4）在"按下按键"下拉列表框中选择"按下/松开"选项。操作人员也可以根据实际需要选择按键的动作特性。 （5）单击"确定"按钮
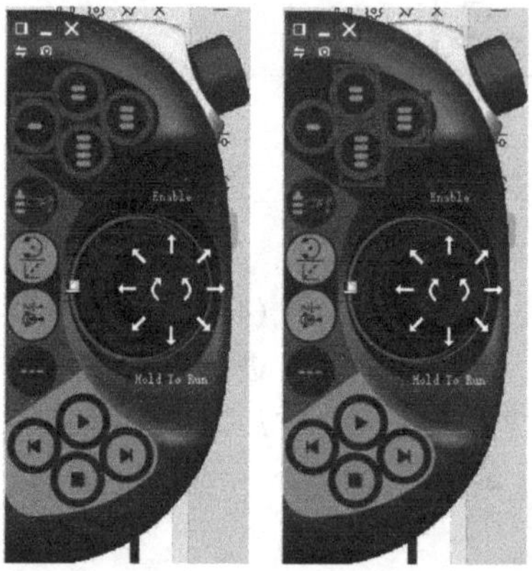	（6）配置后便可以通过可编程按钮1在手动状态下对do1数字输出信号进行强制操作，通过可编程按钮2—4可重复上述步骤进行配置

【任务书】

姓名		任务名称	认识工业机器人示教器
指导教师		同组人员	
计划用时		实施地点	工业机器人实训室
时间		备注	

任务内容			
1. 描述 ABB 工业机器人示教器的结构。 2. 描述示教器的持握方法。 3. 描述示教器的界面。 4. 使用 PPT 汇报工业机器人的示教器有哪些类型及结构。 5. 使能器按钮的使用。将使能器按钮在电机开启和关闭两种状态之间自如切换。 6. 设置显示语言。将示教器显示语言设置为中文。 7. 设置示教器的屏幕方向。设置为适合右手持握示教器、左手进行操作的方向。 8. 屏幕亮度设置。将屏幕设置为自己习惯的亮度。 9. 快速设置菜单的使能。 10. 操纵摇杆的操作			

考核项目	描述工业机器人示教器的结构
	描述示教器的持握方法
	描述示教器的界面
	使用 PPT 汇报工业机器人的示教器有哪些类型及结构

【任务完成报告】

姓名		任务名称	认识工业机器人示教器
班级		小组人员	
完成日期		分工内容	

1. 描述 ABB 工业机器人示教器的结构

2. 描述示教器的持握方法

3. 描述示教器的界面

4. 使用 PPT 汇报工业机器人的示教器有哪些类型及结构

【任务测评】

项目	评价要素	评价标准	自我评价			教师评价	综合评价
			掌握	知道	再学		
知识准备	资料准备	参与资料收集,整理,自我学习					
	计划制订	能初步制订计划					
	小组分工	分工合理,协调有序					
任务过程	使能器按钮使用	操作正确性、熟练程度					
	屏幕方向设置	操作正确性、熟练程度					
	屏幕亮度设置	操作正确性、熟练程度					
	设置显示语言	操作正确性、熟练程度					
	设置系统时间	操作正确性、熟练程度					
	快速设置菜单的使用	操作正确性、熟练程度					
	操纵摇杆的操作	操作正确性、熟练程度					
	配置示教器的可编程按钮	操作正确性、熟练程度					
	总结	内容掌握与理解					
拓展能力	知识迁移	能实现前后知识的迁移					
	应变能力	能举一反三,提出改进建议或方案					
学习态度	主动程度	自主学习,主动性强					
	合作意识	协作学习,能与同伴团结合作					
	严谨细致	仔细认真,不出差错					
	问题研究	能在实践中发现问题,并用理论知识解决实践中的问题					
	安全规程	遵守操作规程,安全操作					

【拓展练习】

使用示教器快速设置菜单的按钮,切换示教器为线性运动模式和无增量模式,使用操纵摇杆操纵工业机器人。

任务4.2　查看常用信息与事件日志

【知识点】

1. 查看状态栏显示。
2. 查看 ABB 工业机器人常用信息。
3. 查看 ABB 工业机器人事件日志。

【技能点】

1. 掌握查看 ABB 工业机器人常用信息的操作方法。
2. 掌握查看 ABB 工业机器人事件日志的操作方法。

【任务描述】

在操作机器人过程中,可以通过机器人的状态栏显示机器人相关信息,本任务主要讲解如何在示教器画面上的状态栏进行 ABB 工业机器人常用信息及事件日志的查看。

【知识链接】

在操作机器人过程中,可以通过机器人的状态栏显示其相关信息,如机器人的状态(手动、全速手动和自动)、机器人的系统信息、机器人的电机状态、程序运行状态以及当前机器人轴或外轴的状态等。

通过示教器界面上的状态栏可以对 ABB 工业机器人的常用信息和日志进行查看,如图4-2-1 所示。

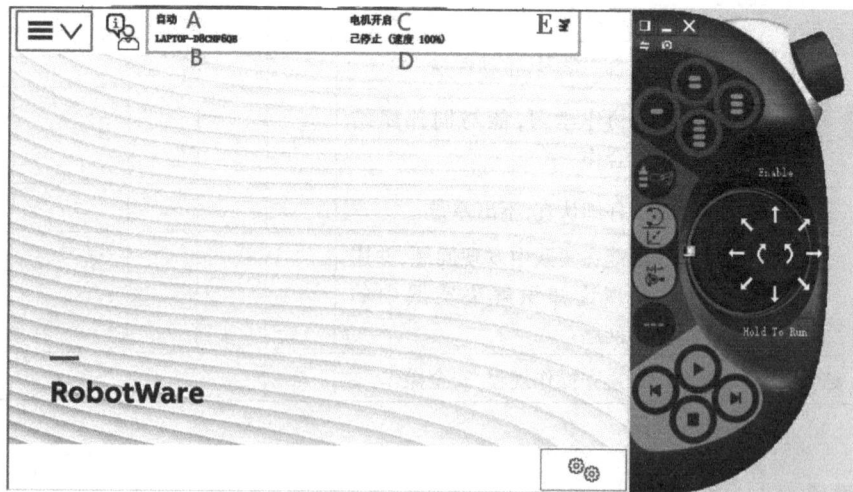

图 4-2-1　示教器状态栏

状态栏上显示的内容如下:

A——机器人的状态:手动、全速手动和自动。

B——工业机器人的系统信息。

C——工业机器人电机状态。

D——工业机器人程序运行状态。

E——当前机器人或外轴的使用状态。

单击窗口上的状态栏,可以查看工业机器人的事件日志,如图 4-2-2 所示。

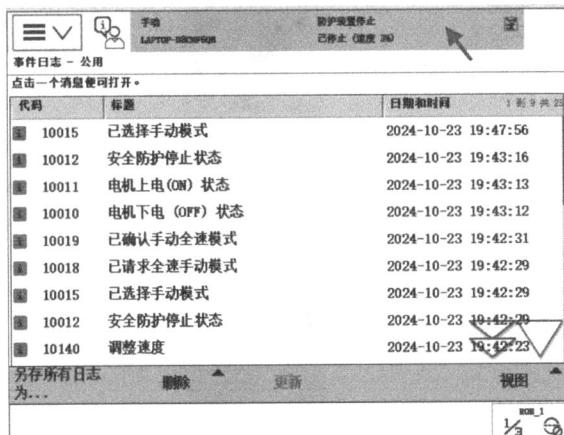

图 4-2-2　工业机器人的事件日志

【任务实施】

查看机器人常用信息与事件日志的步骤见表 4-2-1。

表 4-2-1　查看机器人常用信息与事件日志的步骤

图示	操作步骤
	(1)单击主菜单

续表

图示	操作步骤
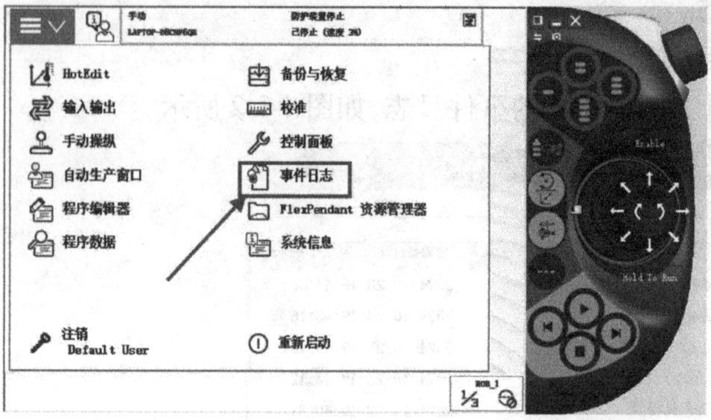	（2）单击主菜单栏下的"事件日志"
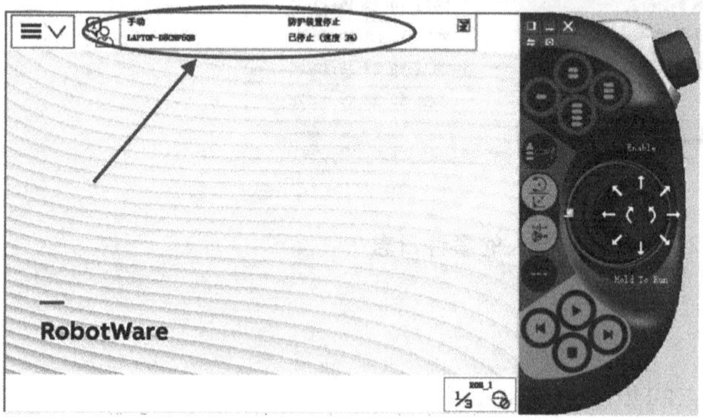	（3）单击窗口上面的状态栏

提示：

事件日志是系统的记录功能保存的事件信息，便于故障的排除。

【任务书】

姓名		任务名称	查看常用信息与事件日志
指导教师		同组人员	
计划用时		实施地点	工业机器人实训室
时间		备注	
任务内容			

1. 查看工业机器人实训室的所有工业机器人示教器上的事件日志。

2. ABB 工业机器人示教器上事件日志有哪些？分别表示哪些事件？如何解决？

续表

姓名		任务名称	查看常用信息与事件日志
考核项目		1. 查看工业机器人实训室的所有工业机器人示教器上的事件日志	
		2. 查看 ABB 工业机器人示教器上事件日志有哪些？	
		3. 描述示教器分别表示哪些事件？如何解决？	

【任务完成报告】

姓名		任务名称	查看常用信息与事件日志
班级		小组人员	
完成日期		分工内容	
1. 描述工业机器人实训室的所有工业机器人示教器上的事件日志			
2. ABB 工业机器人示教器上事件日志有哪些？分别表示哪些事件？如何解决？			

【任务测评】

项目	评价要素	评价标准	自我评价			教师评价	综合评价
			掌握	知道	再学		
知识准备	资料准备	参与资料收集,整理,自我学习					
	计划制订	能初步制订计划					
	小组分工	分工合理,协调有序					
	查看机器人的事件日志	操作正确性、熟练程度					
	总结	内容掌握与理解					

续表

项目	评价要素	评价标准	自我评价			教师评价	综合评价
			掌握	知道	再学		
拓展能力	知识迁移	能实现前后知识的迁移					
	应变能力	能举一反三,提出改进建议或方案					
学习态度	主动程度	自主学习,主动性强					
	合作意识	协作学习,能与同伴团结合作					
	严谨细致	仔细认真,不出差错					
	问题研究	能在实践中发现问题,并用理论知识解决实践中的问题					
	安全规程	遵守操作规程,安全操作					

任务4.3　数据的备份和恢复

【知识点】

1. 对 ABB 工业机器人数据进行备份。
2. 对 ABB 工业机器人数据进行恢复。

【技能点】

1. 能够进行工业机器人数据的备份与恢复。
2. 掌握单独导入程序的方法。
3. 掌握单独导入 EIO 文件的方法。

【任务描述】

定期对 ABB 工业机器人的数据进行备份,是保证 ABB 工业机器人正常工作的良好习惯。当工业机器人系统出现错乱或重新安装系统后,可以通过备份快速地把机器人恢复到备份时的状态。平时在程序更改之前,一定要做好备份。

【知识链接】

4.3.1　工业机器人数据备份

对工业机器人的数据进行备份,可以在系统出现错乱或者重新安装系统以后,通过备份将机器人恢复到备份时的状态。工业机器人数据备份的对象是所有正在系统内存运行的RAPID 程序(包含了一连串控制机器人的指令,执行这些指令可以实现对 ABB 工业机器人的控制操作)和系统参数等内容。

4.3.2　工业机器人数据恢复

操作人员对于指令和参数的修改不满意或者程序系统已损坏,或当工业机器人系统出现错乱或者重新安装新系统以后都可以通过数据恢复功能在第一时间对系统进行恢复,恢复到备份时的状态。

在进行恢复时,要注意:备份的数据具有唯一性,不能将 A 工业机器人的备份恢复到 B 工业机器人中去,否则会造成系统故障。

但是,也常会将程序和 I/O 的定义做成通用的,方便批量生产时使用。这时,可以通过分别导入程序和 EIO 文件来解决实际的需要。这个操作只允许在相同 ROBOTWARE 版本的工业机器人之间进行。

【任务实施】

1)数据备份的操作

数据备份的操作步骤见表4-3-1。

表 4-3-1　数据备份的操作步骤

图示	操作步骤
	(1)在示教器"ABB 主界面"中单击"备份与恢复"

续表

图示	操作步骤
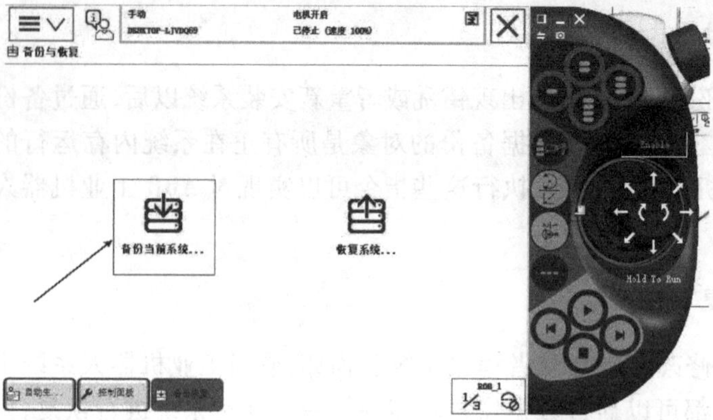	(2)在"备份与恢复"界面中单击"备份当前系统…"
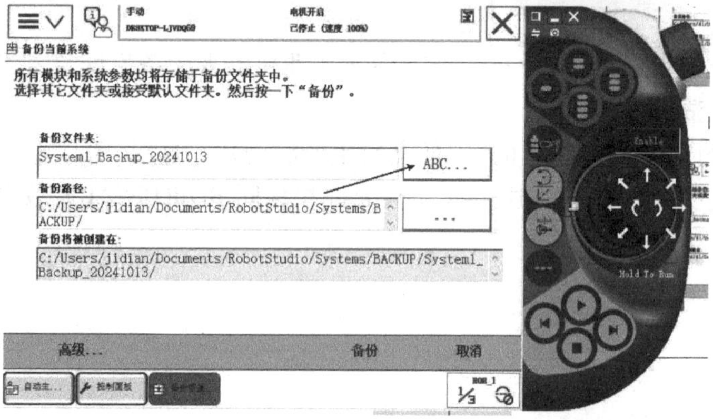	(3)在"备份当前系统"界面中单击"ABC…"按钮给备份文件命名
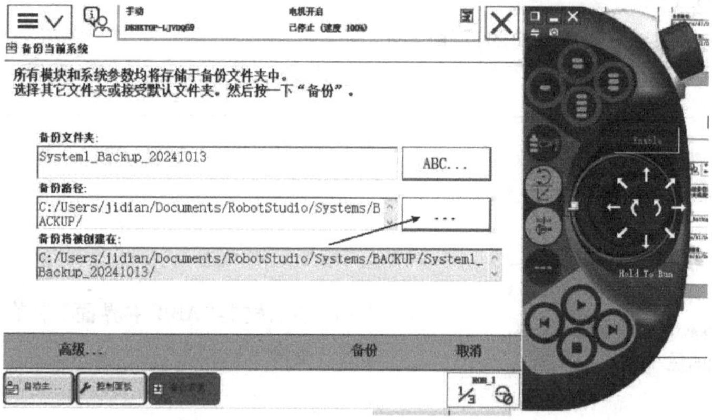	(4)单击"…"按钮进入备份路径选择界面,选择备份存放的位置后单击"确定"按钮。 (5)在确认系统备份文件夹的名称和路径后,单击"备份"即可完成备份操作

提示:

备份文件既可以放在机器人内部的存储器上,也可以备份到 U 盘上。

2)数据恢复的操作

数据恢复的操作步骤见表4-3-2。

表4-3-2 数据恢复的操作步骤

图示	操作步骤
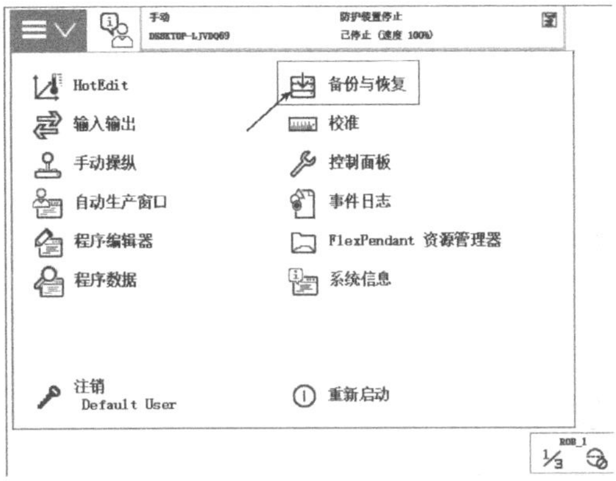	(1)在示教器"ABB"主界面中单击"备份与恢复"
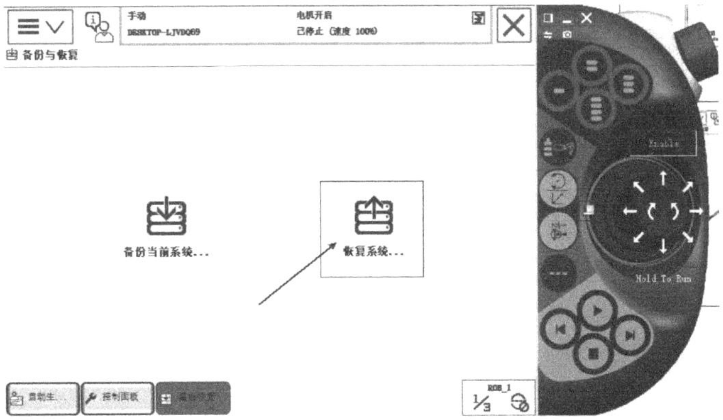	(2)单击"恢复系统…"按钮进入"恢复系统"界面,选择要恢复的文件夹并单击"确定"按钮
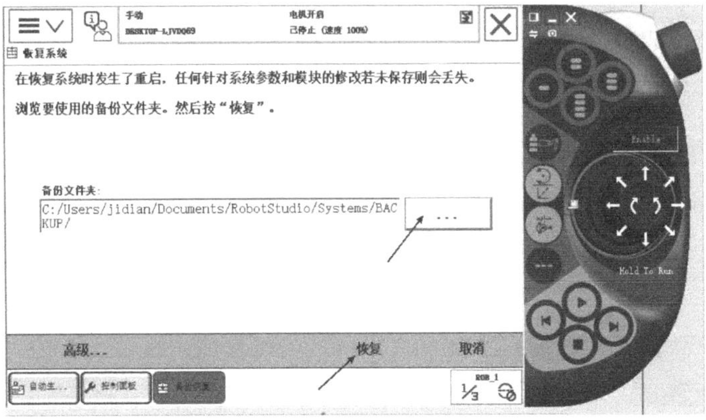	(3)在确认系统恢复文件夹后,给备份文件命名,单击"恢复"即可完成数据恢复操作

3)单独导入程序的操作

单独导入程序的操作步骤见表4-3-3。

表4-3-3　单独导入程序的操作步骤

图示	操作步骤
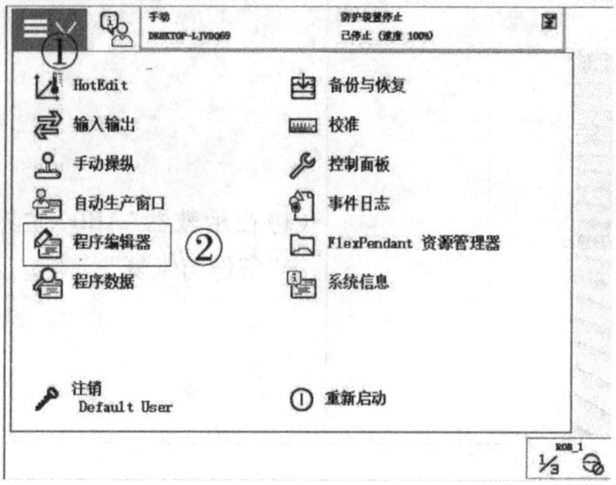	(1)单击左上角主菜单按钮。 (2)选择"程序编辑器"
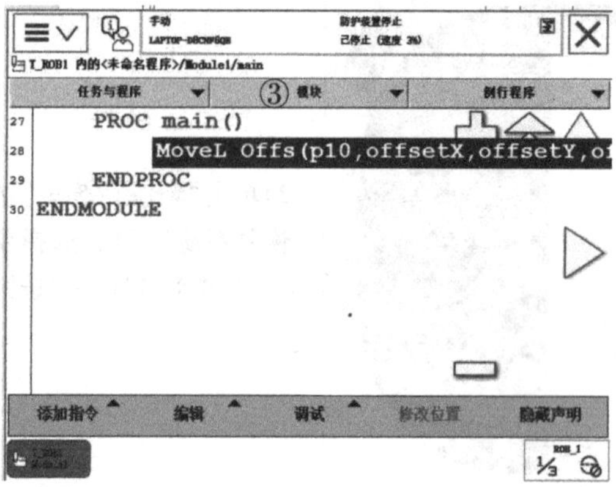	(3)单击"模块"标签
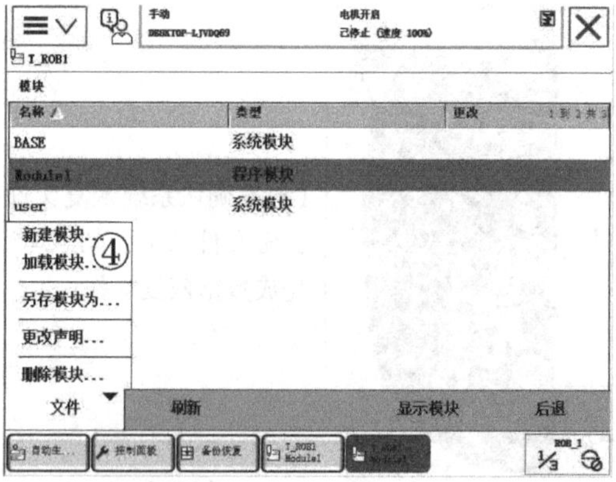	(4)打开"文件"菜单,单击"加载模块…",从"备份目录/RAPID"路径下加载所需要的程序模块

4)单独导入 EIO 文件的操作

单独导入 EIO 文件的操作步骤见表4-3-4。

表 4-3-4　单独导入 EIO 文件的操作步骤

图示	操作步骤
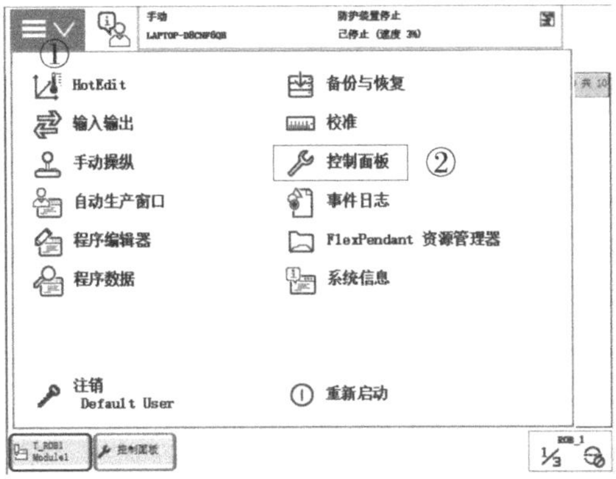 ① 主菜单 HotEdit　　备份与恢复 输入输出　　校准 手动操纵　　控制面板 ② 自动生产窗口　事件日志 程序编辑器　FlexPendant 资源管理器 程序数据　　系统信息 注销 Default User　重新启动	（1）单击左上角主菜单按钮。 （2）选择"控制面板"
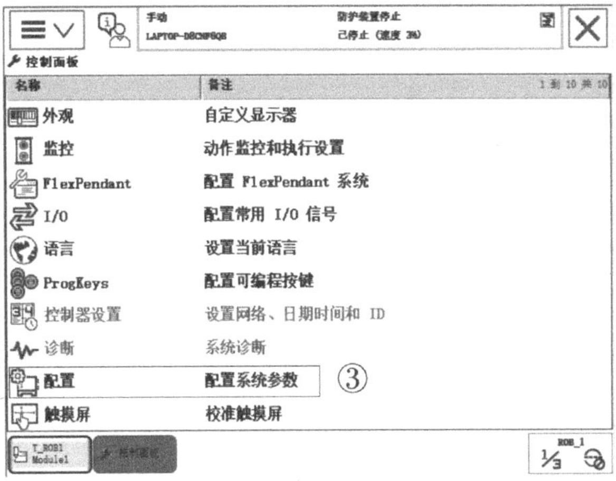 控制面板 名称　备注　1 到 10 共 10 外观　自定义显示器 监控　动作监控和执行设置 FlexPendant　配置 FlexPendant 系统 I/O　配置常用 I/O 信号 语言　设置当前语言 ProgKeys　配置可编程按键 控制器设置　设置网络、日期时间和 ID 诊断　系统诊断 配置　配置系统参数 ③ 触摸屏　校准触摸屏	（3）选择"配置"
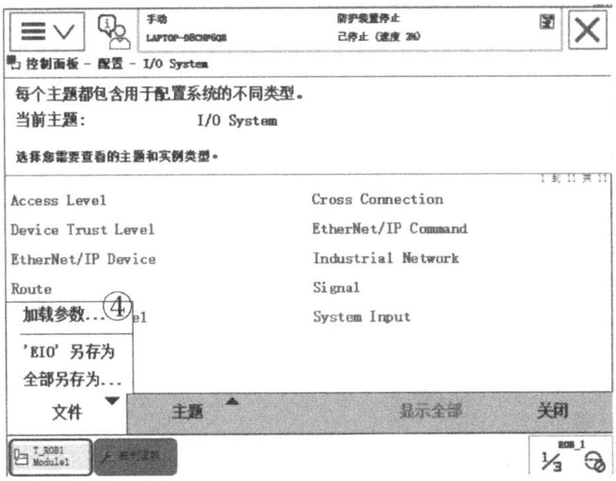 控制面板 - 配置 - I/O System 每个主题都包含用于配置系统的不同类型。 当前主题：　I/O System 选择您需要查看的主题和实例类型。 Access Level　Cross Connection Device Trust Level　EtherNet/IP Command EtherNet/IP Device　Industrial Network Route　Signal 加载参数... ④ el　System Input 'EIO' 另存为 全部另存为... 文件　主题　显示全部　关闭	（4）打开"文件"菜单，单击"加载参数"

续表

图示	操作步骤
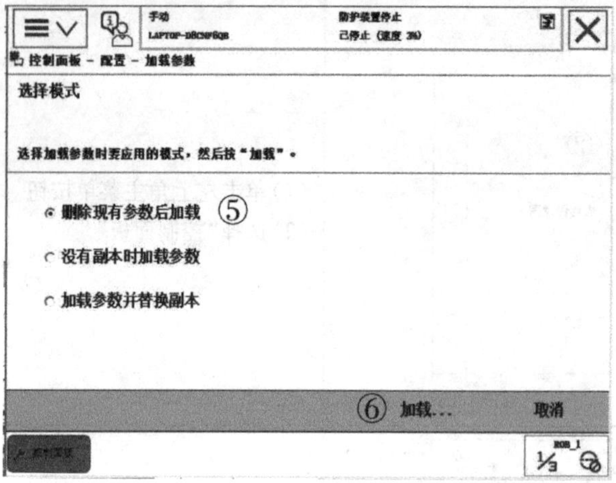	(5)选择"删除现有参数后加载"。 (6)单击"加载…"
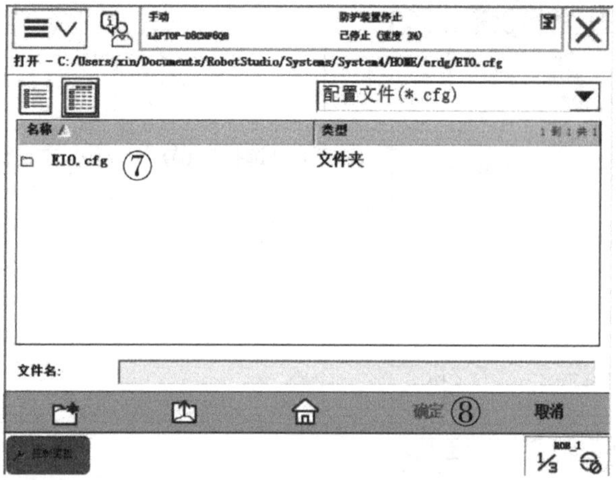	(7)在"备份目录/SYSPAR"路径下找到 EIO. cfg 文件。 (8)单击"确定"按钮
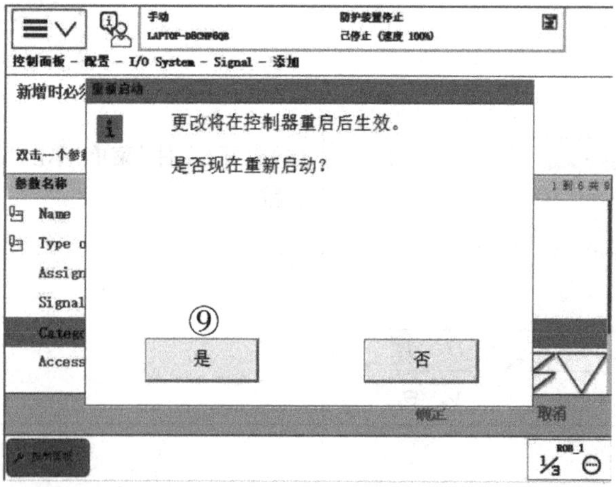	(9)单击"是",重启后完成导入

提示：

这个操作只允许在相同 ROBOTWARE 版本的工业机器人之间进行。

【任务书】

姓名		任务名称	工业机器人数据的备份与恢复
指导教师		同组人员	
计划用时		实施地点	工业机器人实训室
时间		备注	
任务内容			

1. 描述工业机器人数据备份的优点。
2. 描述工业机器人遇到什么情况下需要恢复数据。
3. 描述工业机器人数据备份与恢复的注意事项。
4. 描述工业机器人在什么情况下需要单独导入程序。
5. 描述工业机器人在什么情况下需要单独导入 EIO 文件。
6. 描述工业机器人数据备份与恢复的操作步骤

考核项目	工业机器人数据的备份
	工业机器人数据的恢复
	单独导入程序
	单独导入 EIO 文件

【任务完成报告】

姓名		任务名称	工业机器人的数据备份与恢复
班级		小组人员	
完成日期		分工内容	

1. 描述工业机器人数据备份的优点

续表

2. 描述工业机器人在遇到什么情况下需要恢复数据
3. 描述工业机器人数据备份与恢复的注意事项
4. 描述工业机器人在什么情况下需要单独导入程序
5. 描述工业机器人在什么情况下需要单独导入 EIO 文件
6. 描述工业机器人数据备份与恢复的操作步骤

【任务测评】

项目	评价要素	评价标准	自我评价			教师评价	综合评价
			掌握	知道	再学		
知识准备	资料准备	参与资料收集,整理,自我学习					
	计划制订	能初步制订计划					
	小组分工	分工合理,协调有序					
任务过程	使能器按钮使用	操作正确性、熟练程度					
	工业机器人数据的备份	操作正确性、熟练程度					
	工业机器人数据的恢复	操作正确性、熟练程度					
	单独导入程序	操作正确性、熟练程度					
	单独导入 EIO 文件	操作正确性、熟练程度					
	总结	内容掌握与理解					
拓展能力	知识迁移	能实现前后知识的迁移					
	应变能力	能举一反三,提出改进建议或方案					
学习态度	主动程度	自主学习,主动性强					
	合作意识	协作学习,能与同伴团结合作					
	严谨细致	仔细认真,不出差错					
	问题研究	能在实践中发现问题,并用理论知识解决实践中的问题					
	安全规程	遵守操作规程,安全操作					

【拓展练习】

1.使用示教器在手动模式下操作移动机器人,尝试在单轴运动、线性运动、重定位运动模式下移动机器人,观察机器人姿态的变化。

2.对控制柜当前系统进行定期备份。

项目5　工业机器人的手动操纵

◇ 项目引入

　　ABB工业机器人有两种操纵模式,分别是手动模式和自动模式。在手动模式下,操作员可以通过操纵示教器使ABB工业机器人按照既定模式进行运动,从而达到调试机器人的目的。ABB工业机器人的手动操纵模式有三种:单轴运动、线性运动和重定位运动。

◇ 知识目标

　　1. 掌握ABB工业机器人单轴运动的手动操纵步骤。

　　2. 掌握ABB工业机器人线性运动的手动操纵步骤。

　　3. 掌握ABB工业机器人重定位运动的手动操纵步骤。

　　4. 了解ABB工业机器人手动操纵的快捷按钮。

　　5. 掌握ABB工业机器人转数计数器更新的操纵步骤。

◇ 能力目标

　　1. 能够独立完成ABB工业机器人的单轴运动操作、线性运动操作、重定位运动操作。

　　2. 能够熟练使用ABB工业机器人的快捷按钮,提升手动操作效率。

　　3. 能够正确执行ABB工业机器人的转数计数器更新流程,确保工业机器人绝对位置的精度。

◇ 素质目标

　　1. 具有发现问题、分析问题、解决问题的能力。

　　2. 具有高度责任心和良好的团队合作能力。

　　3. 培养良好的职业素养和一定的创新意识。

　　4. 养成"认真负责、精检细修、文明生产、安全生产"等良好的职业道德。

任务 5.1　工业机器人的单轴运动

【知识点】

1. 动作模式的类型 。
2. 单轴运动。

【技能点】

掌握工业机器人的单轴运动。

【任务描述】

工业机器人手动操纵时有三种动作模式,即单轴运动、线性运动和重定位运动。通过本任务的学习,要求掌握工业机器人单轴运动模式的运动规律及切换方法。

【知识链接】

工业机器人动作模式的类型如下。

1)单轴运动

六轴工业机器人通过伺服电动机分别驱动机器人本体上的 6 个关节轴的运动方式称为单轴运动。如图 5-1-1 所示,在单轴运动模式下,每次只有一个关节轴发生运动。单轴运动常用于机器人运动。安装与调试或一些特别的场合中,使用单轴运动模式可以方便、准确地控制工业机器人各关节轴单独运动。

2)线性运动

工业机器人的线性运动是指安装在机器人第六轴法兰盘上的工具 TCP(工具坐标系中心点)在空间中做线性运动(X、Y、Z 方向),线性运动时选定的坐标系将直接决定工业机器人的运动方向。

3)重定位运动

工业机器人的重定位运动是指机器人第六轴法兰盘上的工具 TCP 在空间中绕着工具坐标系旋转的运动,也可理解为机器人绕着工具 TCP 做姿态调整的运动,如图 5-1-2 所示。

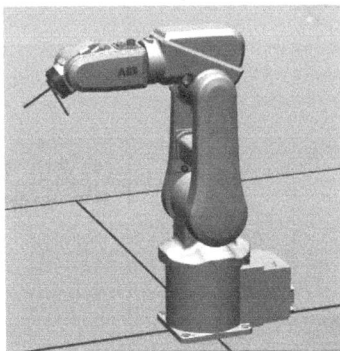

图 5-1-1　六轴工业机器人关节示意图

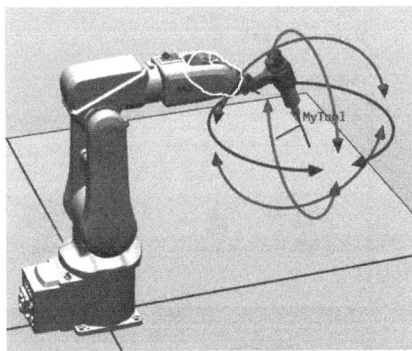

图 5-1-2　重定位运动

通常,六轴机器人的 6 个关节轴由 6 个伺服电动机分别驱动,每次操纵只能有一个关节轴动作,这样的运动方式称为单轴运动。机器人转数计数器的更新及工具坐标的建立需要用到机器人的单轴运动。

【任务实施】

1—3 轴单轴运动的手动操作步骤见表 5-1-1。4—6 轴的操作步骤与 1—3 轴相同。

表 5-1-1　1—3 轴单轴运动的手动操作步骤

图片示例	操作步骤
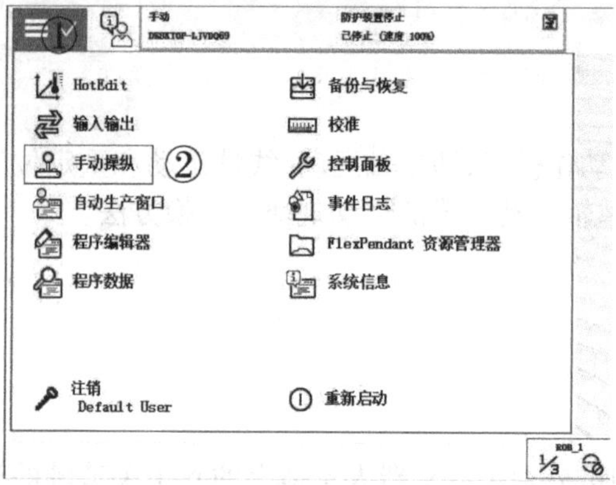	(1)单击"ABB"下拉菜单; (2)单击"手动操纵"选项
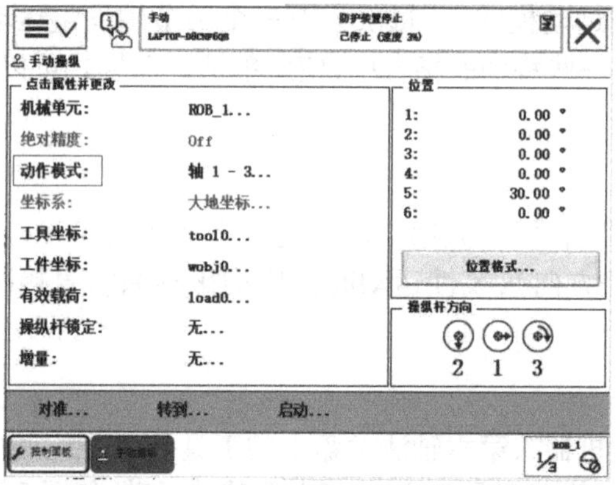	(3)单击"动作模式"选项
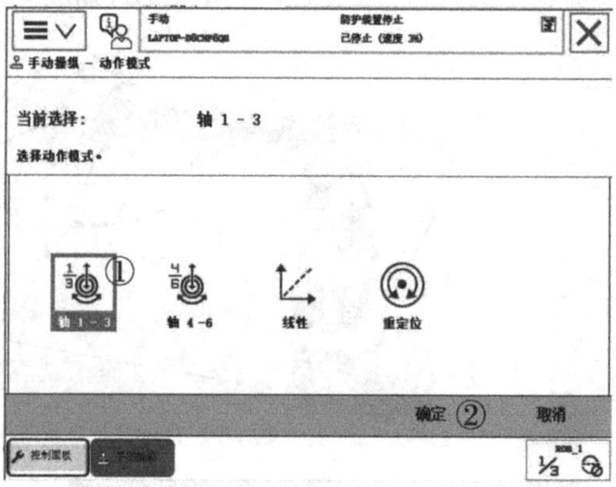	(4)选中"轴 1－3",单击"确定"按钮

任务5.2　工业机器人的线性运动

【知识点】

工业机器人的线性运动。

【技能点】

掌握工业机器人的线性运动。

【任务描述】

工业机器人手动操纵时有三种动作模式,即单轴运动、线性运动和重定位运动。通过本任务的学习,要求掌握工业机器人线性运动模式的运动规律及切换方法。

【知识链接】

安装在工业机器人第六轴法兰盘上的工具 TCP 在空间内沿 X、Y、Z 三个方向运动,这样的运动方式称为机器人的线性运动。

当对工业机器人进行点位示教时,需要机器人快速、准确地到达目标点,同时,又要保持 TCP 在空间的姿态,此时就需要机器人做线性运动,机器人在做线性运动时,需要多个轴同时运动从而达到控制要求。

【任务实施】

工业机器人线性运动的手动操作步骤见表 5-2-1。

表 5-2-1　工业机器人线性运动的手动操作步骤

图片示例	操作步骤
	(1)单击"ABB"下拉菜单; (2)单击"手动操纵"选项

续表

图片示例	操作步骤
	(3)单击"动作模式"选项
	(4)选择"线性",单击"确定"按钮
	(5)单击"工具"坐标选项

续表

图片示例	操作步骤
	（6）选择"tool1"，单击"确定"按钮
	（7）左手按下使能按钮，示教器状态显示"电机开启"
	（8）示教器右下角显示"X/Y/Z"的操纵杆方向，箭头代表机器人运动的正方向

续表

图片示例	操作步骤
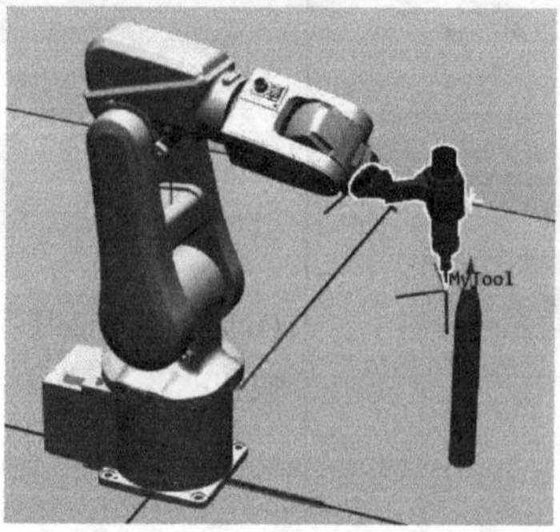	（9）操作操纵杆并观察机器人的动作

【操作技巧】

（1）调用增量模式的操作步骤见表5-2-2。

表 5-2-2　调用增量模式的操作步骤

图片示例	操作步骤
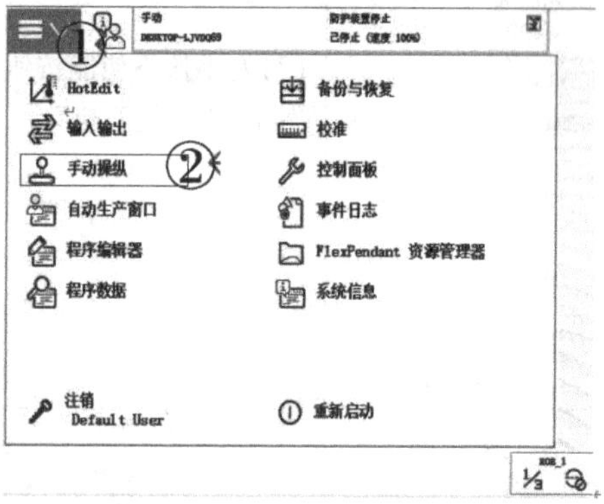	（1）单击"ABB"下拉菜单；再单击"手动操纵"选项
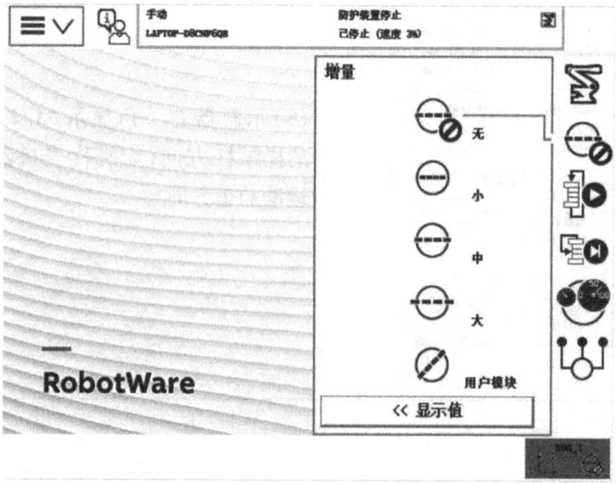	（2）单击"增量"选项

续表

图片示例	操作步骤
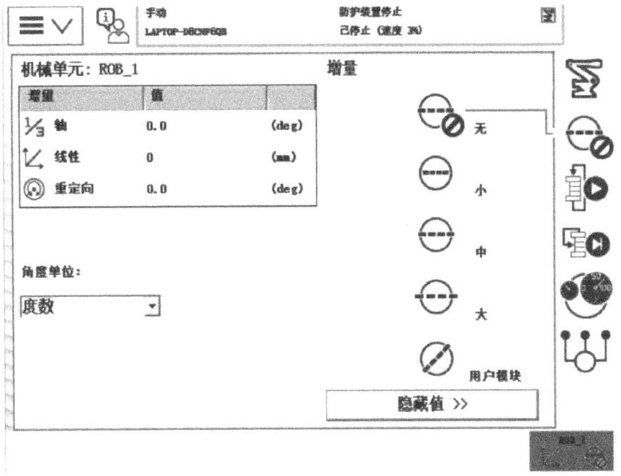	（3）增量已选择

（2）调用增量模式的快捷方式见表5-2-3。

表5-2-3　调用增量模式的快捷方式

图片示例	操作步骤
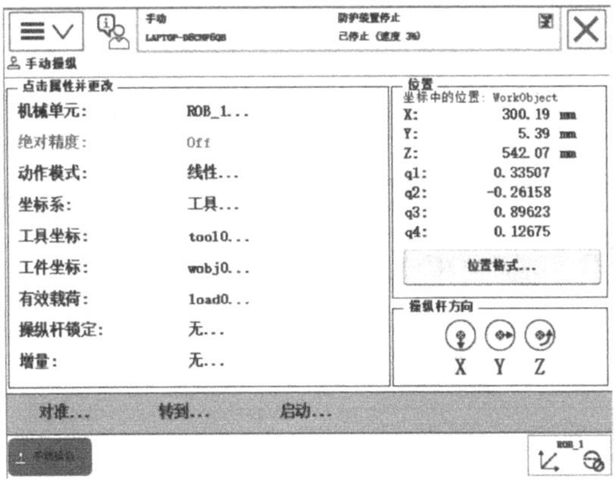	（1）单击示教器右下角快捷菜单
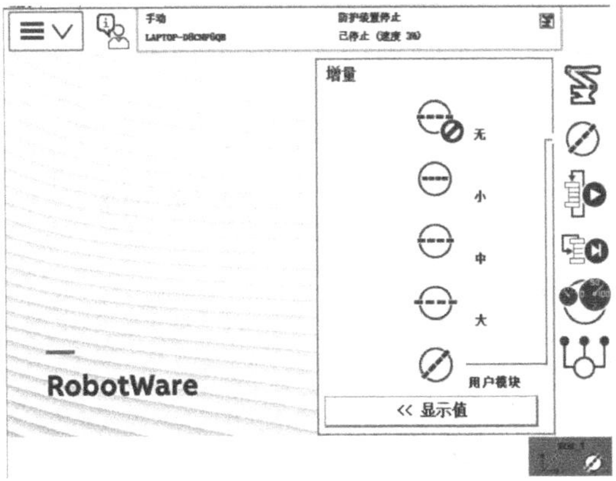	（2）单击"增量"按钮

续表

图片示例	操作步骤
	(3)单击"显示值"按钮
	(4)选择"无"增量
	(5)选择"小"增量

续表

图片示例	操作步骤
手动 LAPTOP-D8CNF6QB　防护装置停止　已停止（速度 3%）　机械单元：ROB_1　增量 增量　值 1/3 轴　0.02292　(deg) 线性　1　(mm) 重定向　0.22918　(deg) 角度单位：度数 无　小　中　大　用户模块 隐藏值 >>	（6）选择"中"增量
手动 LAPTOP-D8CNF6QB　防护装置停止　已停止（速度 3%）　机械单元：ROB_1　增量 增量　值 1/3 轴　0.14324　(deg) 线性　5　(mm) 重定向　0.51566　(deg) 角度单位：度数 无　小　中　大　用户模块 隐藏值 >>	（7）选择"大"增量
手动 LAPTOP-D8CNF6QB　防护装置停止　已停止（速度 3%）　机械单元：ROB_1　增量 增量　值 1/3 轴　0.00573　(deg) 线性　0.05000　(mm) 重定向　0.02865　(deg) 选择一个项目以修改单步幅度。 角度单位：度数 无　小　中　大　用户模块 隐藏值 >>	（8）选择"用户模块"增量

【操作技巧】

在增量模式下,操纵杆每操纵一次机器人就移动一步,如果想要机器人持续移动,需要用操纵杆继续操纵数秒。

任务5.3 工业机器人的重定位运动

【知识点】

工业机器人的重定位运动。

【技能点】

掌握工业机器人的重定位运动。

【任务描述】

工业机器人手动操纵时有三种动作模式,即单轴运动、线性运动和重定位运动。通过本任务的学习,要求掌握工业机器人重定位运动模式的运动规律及切换方法。

【知识链接】

机器人的工具中心点在空间内绕着固定点作姿态调整的运动,这样的运动方式称为机器人的重定位运动。

机器人的重定位运动用来检验机器人工具中心点建立的精确程度。

【任务实施】

工业机器人重定位运动的手动操作步骤见表5-3-1。

表 5-3-1　工业机器人重定位运动的手动操作步骤

图片示例	操作步骤
	(1)单击"ABB"下拉菜单;再单击"手动操纵"选项

续表

图片示例	操作步骤
	（2）单击"动作模式"选项
	（3）选择"重定位"，单击"确定"按钮
	（4）单击"坐标系"选项
	（5）选择"工具"，单击"确定"按钮

续表

图片示例	操作步骤
	(6)单击"工具坐标"选项
	(7)选择"tool0",单击"确定"按钮
	(8)左手按下使能按钮,示教器状态显示"电机开启"

续表

图片示例	操作步骤
	(9)示教器右下角显示 X、Y、Z 的操纵杆方向,箭头代表机器人运动的正方向
	(10)操作操纵杆使机器人工具中心点绕着固定点作姿态调整

任务5.4　工业机器人手动操纵的快捷按钮

【知识点】

1.关节运动轴切换(轴1—3与轴4—6的切换)。

2.线性运动与重定位运动的切换。

3.工具数据与工件坐标的切换。

4.增量选择(控制运动的精细度)。

5.运行模式选择(如手动模式、自动模式)。

6.步进模式选择(分步操作)。

7.操纵杆速度调节(控制运动速度)。

8.任务的启动与停止控制。

【技能点】

1.能够通过快捷按钮切换关节轴组(轴1—3与轴4—6)。

2.熟练切换线性运动与重定位运动模式。

3.根据任务需求选择合适的增量值(如大/中/小增量)。

【知识链接】

示教器上的快捷按钮可以方便地进行操纵方式的切换,其快捷按钮和快捷菜单的功能见表5-4-1。

表5-4-1 手动操纵的快捷按钮

图片示例	说明
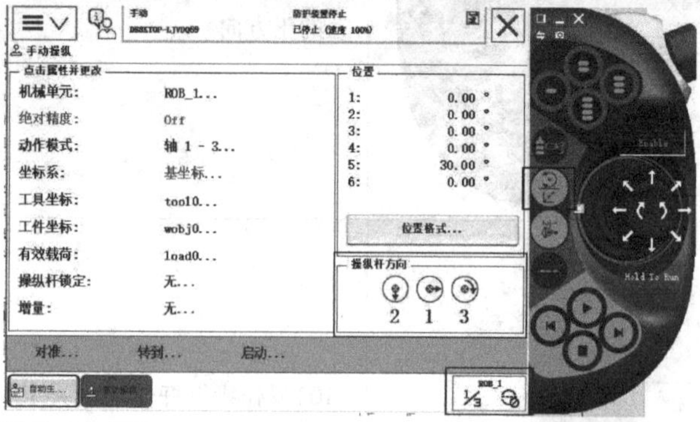	(1)关节运动轴 1—3 与轴 4—6 的切换
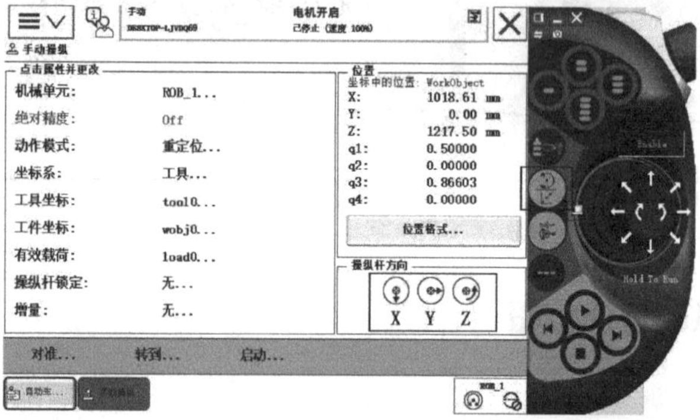	(2)线性运动与重定位运动的切换
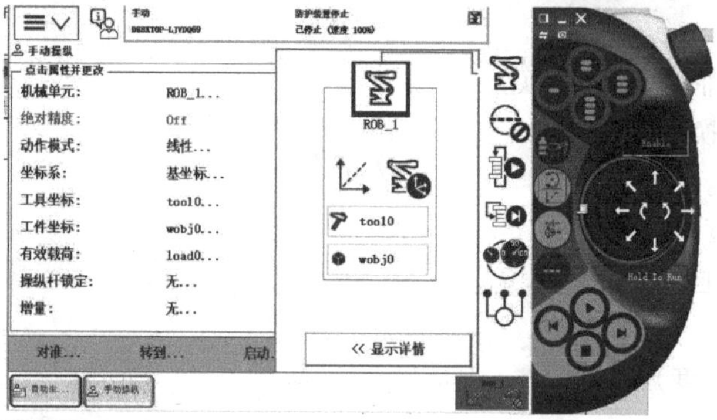	(3)当前使用的工具数据与当前使用的工件坐标

续表

图片示例	说明
	（4）增量的选择
	（5）运行模式的选择
	（6）步进模式的选择
	（7）操纵杆速度的选择

续表

图片示例	说明
	(8)选择要"停止"和"启动"的任务

【拓展训练】

选择合适的手动操纵方式将机器人工具移动到固定点,如图 5-4-1 所示并总结操作步骤。

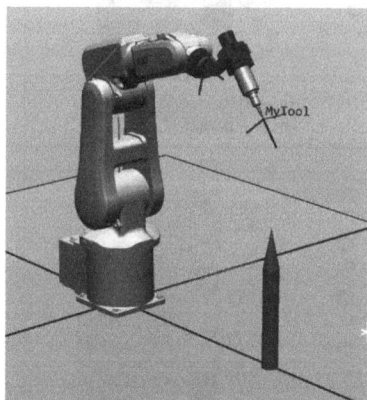

图 5-4-1　创建工具坐标

任务 5.5　工业机器人转数计数器的更新

【知识点】

转数计数器更新的原因。

【技能点】

掌握转数计数器更新的操作。

【知识链接】

工业机器人的每一个关节轴都有一个机械原点转数,计数器可以记忆工业机器人当前的位置数据,当机械原点丢失时,我们需要手动操作工业机器人,使其回到机械原点,然后对转数计数器进行更新,并记忆工业机器人当前的位置数据。

有下列情况之一时,需要对机械原点的位置进行转数计数器的更新操作。

(1)更换伺服电动机转数计数器电池之后。

(2)在转数计数器发生故障修复之后。

(3)转数计数器与测量板之间断开过。

(4)断电后,工业机器人关节轴发生了移动。

转数计数器更新的操作步骤见表5-5-1。

表 5-5-1　转数计数器更新的操作步骤

图片示例	操作步骤
	(1)手动操作工业机器人,使其4轴回到机械原点
	(2)手动操作工业机器人,使其5轴回到机械原点
	(3)手动操作工业机器人,使其6轴回到机械原点

续表

图片示例	操作步骤
	(4)手动操作工业机器人,使其1轴回到机械原点
	(5)手动操作工业机器人,使其2轴回到机械原点
	(6)手动操作工业机器人,使其3轴回到机器原点
	(7)单击"ABB"下拉菜单

续表

图片示例	操作步骤
	(8)选择"校准"选项
	(9)单击"ROB_1"
	(10)单击"手动方法(高级)"
	(11)选择"校准参数"→"编辑电机校准偏移"

续表

图片示例	操作步骤
	（12）单击"是"按钮
	（13）输入从机器人本体记录的电机校准偏移数据
	（14）单击"是"按钮
	（15）重启后选择"校准"

续表

图片示例	操作步骤
	（16）单击"ROB_1"
	（17）单击"手动方法（高级）"
	（18）选择"转数计数器"→"更新转数计数器"
	（19）单击"是"按钮

续表

图片示例	操作步骤
	(20)单击"确定"按钮
	(21)单击"全选"按钮
	(22)单击"更新"按钮
	(23)转数计数器更新完成

【操作技巧】

（1）当进行工业机器人各关节轴回机械原点动作时，一定要注意操作顺序，以免碰撞工业机器人周围的设备。

（2）在各关节轴靠近机械原点时注意选择合适的增量，以减少偏移量。

【拓展训练】

对 ABB 工业机器人进行转数计数器更新，如图 5-5-1 所示，并总结操作步骤。

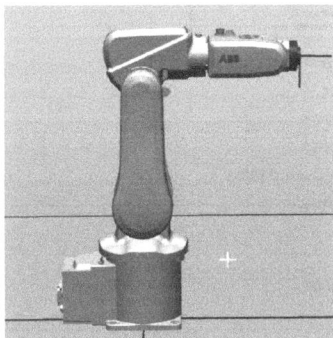

图 5-5-1　转数计数器更新

任务 5.6　工业机器人配置可编程按钮

【知识点】

1.可编程按钮的功能。可编程按钮（1—4）可自定义为控制特定 I/O 信号（如数字输出 do1），用于信号强制、仿真或简化操作流程。

2.配置参数定义。配置按钮为"输出"类型，绑定数字信号（如 do1）；根据需求选择按键动作特性（如"按下/松开"）；用于快速测试外部设备（如夹具、传感器）的 I/O 信号状态；在手动模式下可强制输出信号，避免频繁进入编程界面。

【技能点】

1.强化示教器操作的能力。

2.能正确设置按键类型为"输出"，并绑定指定信号（如 do1）及根据需求选择按键动作特性（如"按下/松开"）。

【知识链接】

可编程按钮 1—4 可由操作人员配置某些特定功能，以简化编程和测试。下面为可编程按钮 1 配置一个数字输出信号 do1。

【任务实施】

定义 do1 到可编程按键 1,在示教器上可以为可编程按键分配想快捷控制的 I/O 信号,以方便对 I/O 信号进行强制和仿真操作。

为可编程按键 1 配置数字输出信号 do1 的操作步骤见表 5-6-1。

表 5-6-1　为可编程按键 1 配置数字输出信号 do1 的操作步骤

图片示例	操作步骤
	(1)单击左上角主菜单按钮; (2)选择"控制面板"
	(3)选择"配置可编程按键"
	(4)在"类型"下拉列表中选择"输出"

续表

图片示例	操作步骤
	(5)选中DO1,在"按下按键"下拉列表中选择"按下/松开";也可以根据实际需要选择按键的动作特性
	(6)单击"确定"按钮,完成设定
	(7)现在就可以通过可编程按键1在手动状态下对do1进行强制操作

项目书

姓名		任务名称	工业机器人的手动操纵
指导教师		同组人员	
计划用时		实施地点	工业机器人实训室
时间		备注	

续表

姓名		任务名称	工业机器人的手动操纵
任务内容			

1. 描述工业机器人单轴运动模式。

2. 描述工业机器人线性运动模式。

3. 描述工业机器人重定位运动模式。

4. 工业机器人转数计数器在什么情况下需要更新？

5. 工业机器人转数计数器更新的操作步骤是什么？

6. 如何调用手动操纵快捷按钮？

7. 如何配置可编程按钮？

考核项目	工业机器人的单轴运动
	工业机器人的线性运动
	工业机器人的重定位运动
	工业机器人转数计数器的更新
	工业机器人手动操纵的快捷按钮
	工业机器人配置可编程按钮

项目完成报告

姓名		任务名称	工业机器人的手动操纵
班级		小组人员	
完成日期		分工内容	

1. 描述工业机器人单轴运动模式

2. 描述工业机器人线性运动模式
3. 描述工业机器人重定位运动模式
4. 工业机器人转数计数器在什么情况下需要更新?
5. 工业机器人转数计数器更新的操作步骤是什么?

续表

6. 如何调用手动操纵快捷按钮？
7. 如何配置可编程按钮？

【项目测评】

项目	评价要素	评价标准	自我评价			教师评价	综合评价
			掌握	知道	再学		
知识准备	资料准备	参与资料收集,整理,自我学习					
	计划制订	能初步制订计划					
	小组分工	分工合理,协调有序					
任务过程	工业机器人单轴运动	操作正确性、熟练程度					
	工业机器人线性运动	操作正确性、熟练程度					
	工业机器人重定位运动	操作正确性、熟练程度					
	机器人转数计数器的更新	操作正确性、熟练程度					
	手动操纵快捷按钮	操作正确性、熟练程度					
	配置可编程按钮	操作正确性、熟练程度					
	总结	内容掌握与理解					

续表

项目	评价要素	评价标准	自我评价			教师评价	综合评价
			掌握	知道	再学		
拓展能力	知识迁移	能实现前后知识的迁移					
	应变能力	能举一反三,提出改进建议或方案					
学习态度	主动程度	自主学习,主动性强					
	合作意识	协作学习,能与同伴团结合作					
	严谨细致	仔细认真,不出差错					
	问题研究	能在实践中发现问题,并用理论知识解决实践中的问题					
安全规程		遵守操作规程,安全操作					

模块三
认识工业机器人坐标系

项目6　认识工业机器人坐标系

◇ **项目引入**

为确定工业机器人的位置和姿态,必须通过坐标系进行测量。工业机器人系统中包含多种坐标系,每一种坐标系都有适用的控制模式和编程方式。通过本项目的学习,可以掌握各坐标系的作用及坐标系的切换方法。

◇ **知识目标**

1. 理解右手法则在工业机器人坐标系中的应用。
2. 工业机器人的坐标系的种类。
3. 了解极坐标系。
4. 理解工件坐标系。
5. 理解工具坐标系。

◇ **能力目标**

1. 掌握 ABB 工业机器人工具坐标的设置步骤。
2. 掌握 ABB 工业机器人工件坐标的设置步骤。

◇ **素质目标**

1. 具有发现问题、分析问题、解决问题的能力。
2. 具有高度责任心和良好的团队合作能力。
3. 培养良好的职业素养和一定的创新意识。
4. 养成"认真负责、精检细修、文明生产、安全生产"等良好的职业道德。

任务 6.1 坐标系的定义及分类

【知识点】

1. 坐标系的定义。
2. 工业机器人的坐标系分类。

【技能点】

1. 能够正确识别工业机器人的坐标系。
2. 能够正确选择合适的坐标系。

【任务描述】

认识坐标系的定义,了解工业机器人常用坐标系的分类以及每种坐标系的适用范围。

工业机器人是一个非常复杂的空间运动系统,为了准确、清晰地描述机器人的位置和姿态,参数通常采用坐标系来描述。

【知识链接】

6.1.1 右手法则

在进行坐标系的概念说明之前,先了解什么是基于 ABB 工业机器人坐标系的右手法则。特别需要说明的是,用于确定 ABB 工业机器人坐标系所使用的右手法则与用于确定标准笛卡尔坐标系的右手法则不完全相同。

将右手摆成如图 6-1-1 所示的姿势,把手掌根部看成机器人的基座,此时食指指向 X 轴(前后)正方向,中指指向 Y 轴(左右)正方向,大拇指指向 Z 轴(上下)正方向。

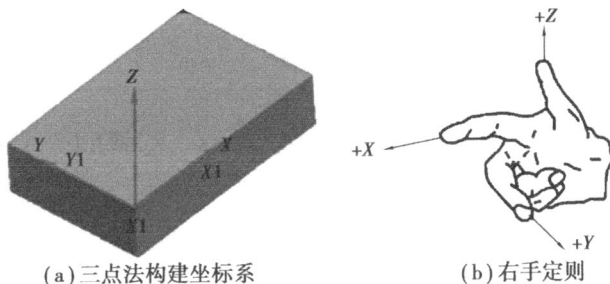

(a)三点法构建坐标系　　　　　(b)右手定则

图 6-1-1　基于 ABB 工业机器人坐标系的右手法则

工业机器人的常用坐标系主要包括大地坐标系、基坐标系、工件坐标系和工具坐标系,如图 6-1-2 所示。

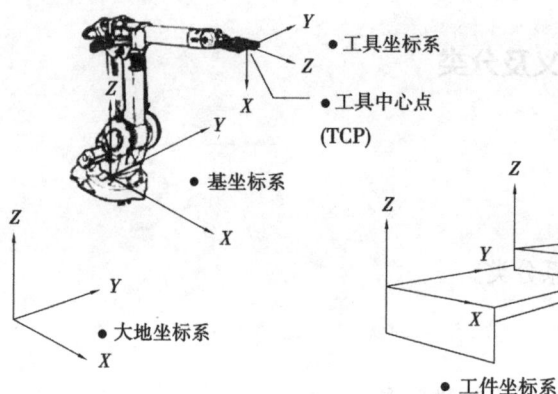

图 6-1-2　工业机器人的坐标系

6.1.2　工业机器人坐标系简介

坐标系是从一个称为原点的固定点通过轴定义的平面或空间。工业机器人目标和位置是通过沿坐标系轴的测量来定位的。在机器人系统中可使用若干坐标系,每一坐标系都适用于特定类型的控制或编程。

1)基坐标系

概念:基坐标系是机器人其他坐标系的参照基础,是机器人示教与编程时经常使用的坐标系之一。基坐标系以机器人的基座中心点为原点,使用右手法则以原点构建出的坐标系如图 6-1-3所示。

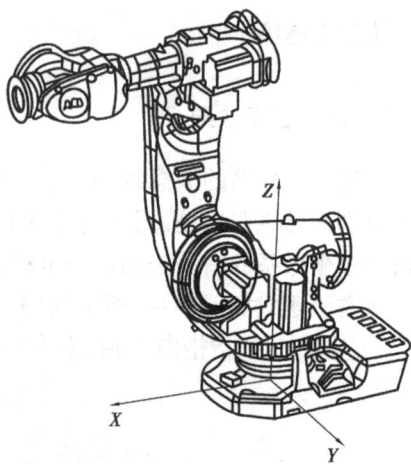

图 6-1-3　基坐标系

特点:通常情况下,工业机器人的基坐标系与大地坐标系重合。在线性运动模式下,工业机器人默认使用基坐标系。因为基坐标系位于机器人基座上,所以它是最便于机器人从一个位置移动到另一个位置的坐标系。

应用:在工作站内部改变了工业机器人本体位置的情况下使用。当手动操纵工业机器人进行线性运动时,系统默认选择基坐标系。

基坐标系在工业机器人基座中有相应的零点,如图所示。在正常配置的工业机器人系统中,当操作人员正向面对工业机器人并在基坐标系下进行手动操纵时,操纵杆向前和向后使工业机器人沿 X 轴移动;操纵杆向两侧使机器人沿 Y 轴移动;旋转操纵杆使机器人沿 Z 轴移动。

2)大地坐标系

概念:大地坐标系一般定义在工业机器人安装面与第一转动轴交点处。大地坐标系由工业机器人系统自定义,每个工业机器人都自带一个大地坐标系。工业机器人中其他坐标系均与大地坐标系直接或间接相关。

大地坐标系在工作单元或工作站中的固定位置有相应的零点。有助于处理若干台工业机器人或有外轴移动的工业机器人。在默认的情况下,大地坐标系与基坐标系是一致的。

特点:因为大地坐标系在工作单元或工作站中的固定位置有其相应的零点,所以它是最便于处理多台工业机器人或由外轴移动的工业机器人。

应用:工作站系统内部存在多台不同摆放姿势的机器人需要协同工作,例如,多机器人分拣系统。

空间中有 2 台工业机器人按照图所示的方式摆放,其各自的基坐标系分别为坐标系 A 和坐标系 B,这两个坐标系方向相反,我们可引入大地坐标系 C,由工业机器人 1 和工业机器人 2 共用。

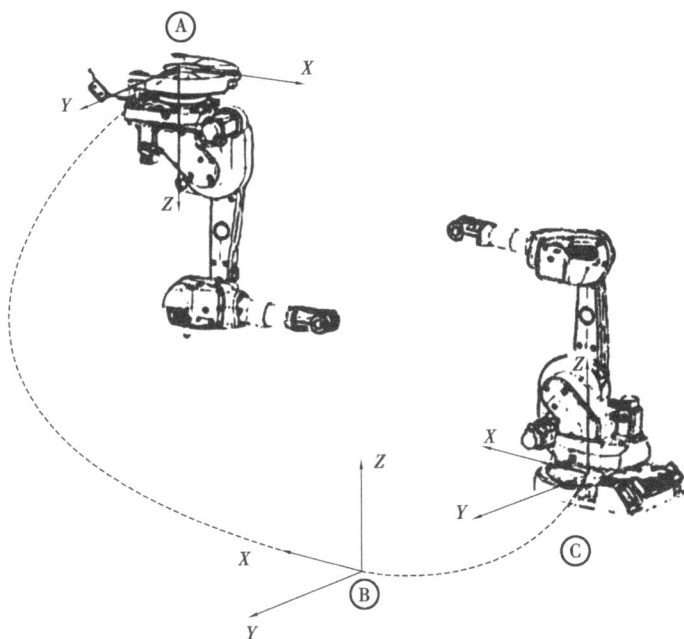

图 6-1-4 大地坐标系

3)工件坐标系

概念:工件坐标系是用户自定义的坐标系,工件坐标系对应工件,其定义位置是相对于大地坐标系(或其他坐标系)的位置,如图所示,可根据加工工件的实际情况进行确定。

特点:工件坐标系可根据实际加工情况定义多个工件坐标系。机器人可以拥有若干工件坐标系,这些坐标系既可以表示若干个不同的工件,也可以表示同一工件在空间中的若干个不同位置。

应用:

工件坐标系主要在机器人手动操纵和编程过程中使用。

台面上摆有 2 个工件,其工件坐标系分别为坐标系 C 和坐标系 D,它们定义了各工件相对于大地坐标系 B(或其他坐标系)的位置,如图 6-1-5 所示。

工作站系统中存在工件位移或工件传输,例如:码垛工作站或传送带上下料工作站系统。

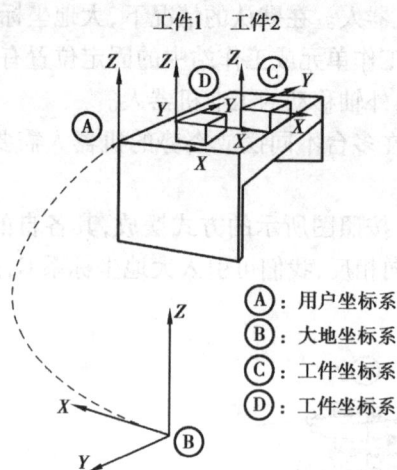

图 6-1-5 工件坐标系与用户坐标系

优势:

(1)可沿着工件边缘移动;

(2)可作为示教点的参照坐标系;

(3)工件坐标系的偏移(若工件发生偏移,则不需重新设置示教点,而只需重新设定工件坐标系,示教的点也随之移动);

(4)轨迹编程时,可使用多个工件坐标系。

4)用户坐标系

概念:一个用户坐标系中可以包含多个工件坐标系,用于表示固定装置、工作台等设备,如图 6-1-5 所示。

特点:因为用户坐标系提供了一个高于工件坐标系但低于大地坐标系的坐标系级别,所以移动用户坐标系时,其内部包含的工作坐标系也会同步移动,而无须重新定义。

应用:工作站系统中包含多个工件坐标系时,可创建用户坐标系进行统一管理,所以此坐标系有助于处理包含有工件或其他坐标系的问题。

5)工具坐标系

概念:工具坐标系是原点位于机器人末端的工具中心点处的坐标系。工具坐标系将工具中心点设为零点,以定义工具的位置和方向。工具坐标系常缩写为 TCPF(Tool Center Point Frame),而工具坐标系中心点缩写为 TCP(Tool Center Point),如图 6-1-6 所示。

工业机器人六轴法兰盘原点处的坐标系为预定义工具坐标系,即 tool0,如图 6-1-7 所示,实际加工工作中,不同的工具需要建立不同的工具坐标系。新的工具坐标系是在预定义工具坐标系 tool0 上进行偏移得到的,如图 6-1-8 所示。

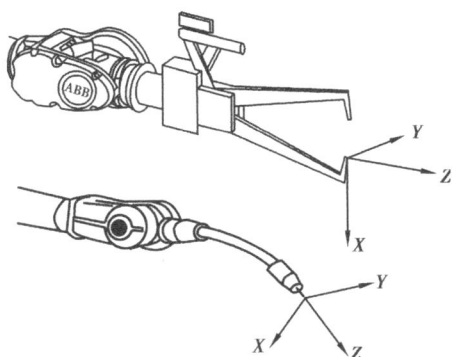

图 6-1-6 工具坐标系

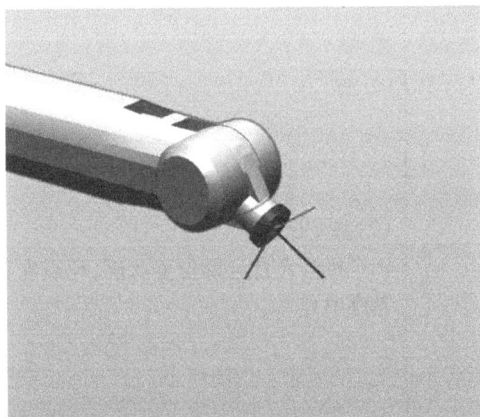

图 6-1-7 预定义工具坐标系

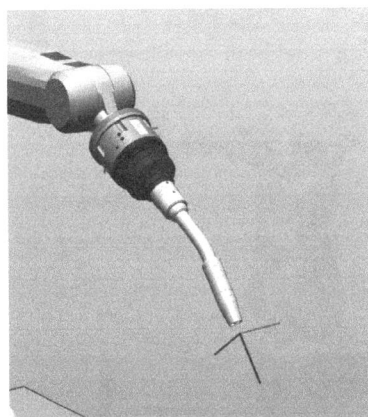

图 6-1-8 实际工具坐标系

特点:执行程序时,机器人按设定的路径目标点将 TCP 移至编程位置。如果要更改工具(以及工具坐标系),机器人的移动将会随之更改,以使新的 TCP 到达目标点。

应用:操纵机器人时可不改变机器人工具方向,例如:手动操纵机器人进行重定位运动时系统默认选择工具坐标系。

优势:

(1)可围绕 TCP 点改变方向;

(2)可沿工具坐标系方向移动;

(3)在运动编程时使用(TCP 点保持已编程的运行速度)。

【任务实施】

1)认识工业机器人坐标系

对照工业机器人正确指出大地坐标系、基坐标系、工具坐标系和工件坐标系所在位置,见表6-1-1。

表6-1-1　认识工业机器人坐标系

图片示例	认识内容
	（1）大地坐标系： 标定机器人与集成设备或工件之间的空间位姿关系
	（2）基坐标系： 标定机器人自身的位姿状况，原点在机器人基座中心
	（3）默认工具坐标系： 工业机器人出厂时，通常将末端连接工具的法兰中心设定为初始工具的坐标系中心（TCP）
	（4）工具坐标系： 机器人工具坐标系是由工具中的 TCP 与坐标方位组成的

续表

图片示例	认识内容
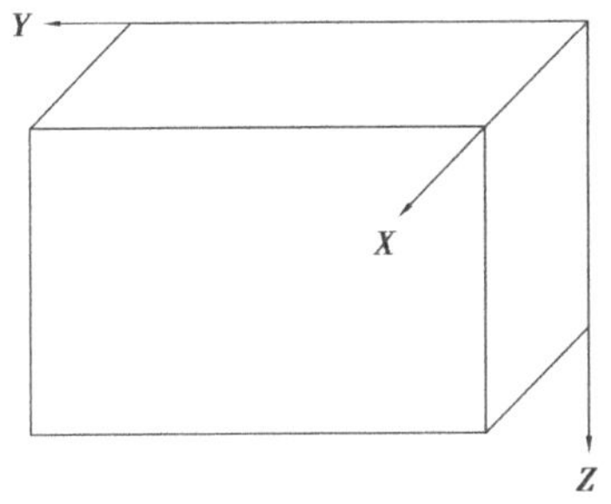	(5)工件坐标系： 机器人工件坐标系是用来描述工件位置的坐标系，它定义位置是相对于大地坐标系的位置。主要用于简化编程。当机器人需要在不同的空间位置执行重复的轨迹运动时。我们只需更换工件坐标系，而无须重新编程

2）工业机器人坐标系切换

在示教器上正确切换大地坐标系、基坐标系、工件坐标系和工具坐标系，其操作步骤见表 6-1-2。

表 6-1-2 工业机器人坐标系切换

图示	操作步骤
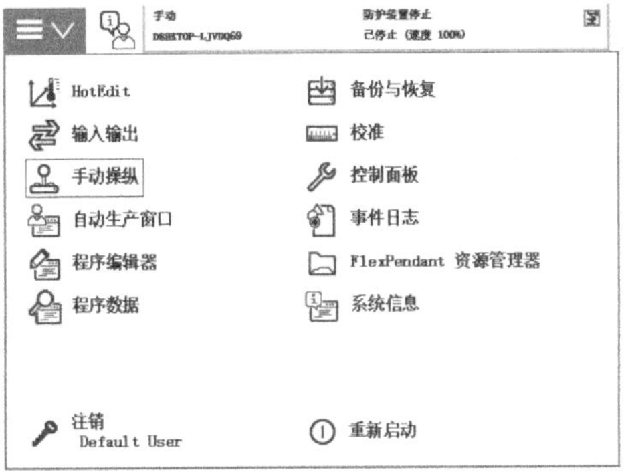	(1)单击"ABB"按钮； (2)单击"手动操纵"
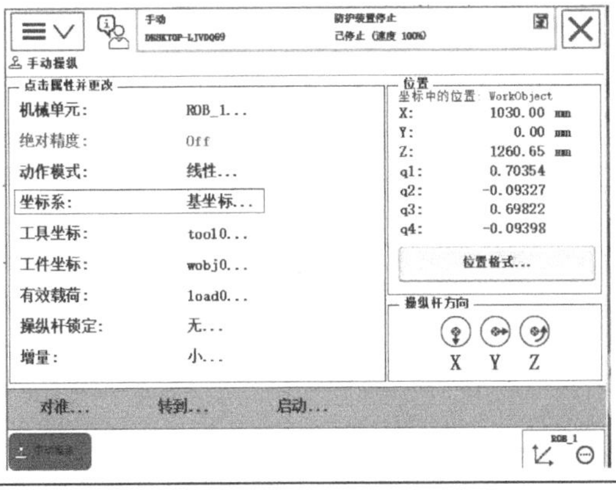	(2)在"手动操纵"界面中单击"坐标系"，进入坐标系选择界面

【任务书】

姓名		任务名称	坐标系的定义及分类
指导教师		同组人员	
计划用时		实施地点	工业机器人实训室
时间		备注	
任务内容			
1. 描述工业机器人基坐标系的概念、特点及应用。 2. 描述工业机器人大地坐标系的概念、特点及应用。 3. 描述工业机器人工件坐标系的概念、特点及应用。 4. 描述工业机器人工具坐标系的概念、特点及应用。 5. 描述工业机器人用户坐标系的概念、特点及应用。			
考核项目	工业机器人基坐标系		
	工业机器人大地坐标系		
	工业机器人工件坐标系		
	工业机器人工具坐标系		
	工业机器人用户坐标系		

【任务完成报告】

姓名		任务名称	坐标系的定义及分类
班级		小组人员	
完成日期		分工内容	
1. 描述工业机器人基坐标系的概念、特点及应用			
2. 描述工业机器人大地坐标系的概念、特点及应用			
3. 描述工业机器人工件坐标系的概念、特点及应用			

续表

4.描述工业机器人工具坐标系的概念、特点及应用
5.描述工业机器人用户坐标系的概念、特点及应用

【任务测评】

项目	评价要素	评价标准	自我评价			教师评价	综合评价
			掌握	知道	再学		
知识准备	资料准备	参与资料收集,整理,自我学习					
	计划制订	能初步制订计划					
	小组分工	分工合理,协调有序					
任务过程	认识工业机器人坐标系	操作正确性、熟练程度					
	工业机器人坐标系切换	操作正确性、熟练程度					
	总结	内容掌握与理解					
拓展能力	知识迁移	能实现前后知识的迁移					
	应变能力	能举一反三,提出改进建议或方案					
学习态度	主动程度	自主学习,主动性强					
	合作意识	协作学习,能与同伴团结合作					
	严谨细致	仔细认真,不出差错					
	问题研究	能在实践中发现问题,并用理论知识解决实践中的问题					
	安全规程	遵守操作规程,安全操作					

任务6.2　坐标系的切换

【知识点】

掌握工业机器人坐标系的切换。

【技能点】

掌握如何切换工业机器人的坐标系。

【任务描述】

工业机器人是一个非常复杂的空间运动系统，为了准确、清晰地描述机器人的位置和姿态，参数通常采用坐标系来描述。本任务主要讲解如何在示教器上对坐标系进行切换。

【知识链接】

1）基坐标系

基坐标系位于机器人基座上，是最便于机器人从一个位置移动到另一个位置的坐标系。

2）工件坐标系

工件坐标系与工件有关，通常是最适于对机器人进行编程的坐标系。

3）工具坐标系

工具坐标系定义工业机器人到达预设目标时所使用工具的位置。

4）大地坐标系

大地坐标系可定义工业机器人单元，所有其他的坐标系均与大地坐标系直接或间接相关。它适用于手动操纵、一般移动以及处理具有若干工业机器人或外轴移动工业机器人的工作站和工作单元。

5）用户坐标系

用户坐标系在表示持有其他坐标系的设备（如工件）时非常有用。

【任务实施】

坐标系的选择操作步骤见表6-2-1。

表 6-2-1　坐标系的选择操作步骤

图示	操作步骤
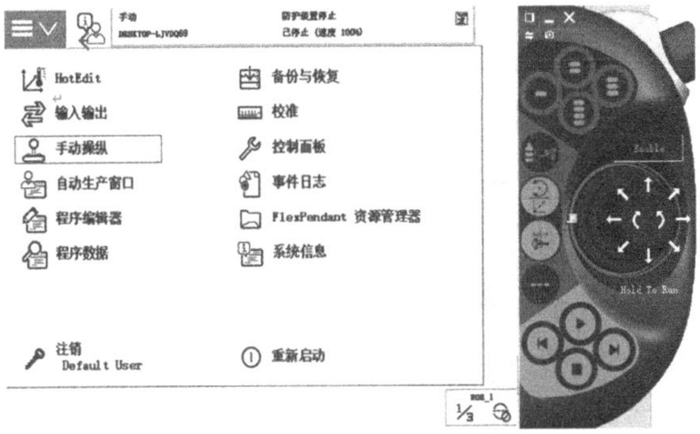	（1）在示教器的触摸屏上，单击"ABB"； （2）在弹出的主界面中选择"手动操纵"
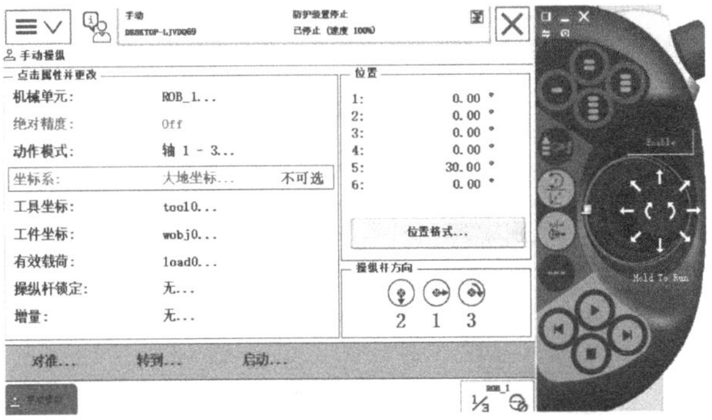	（3）在"手动操纵"界面中，观察"坐标系"选项是否可选
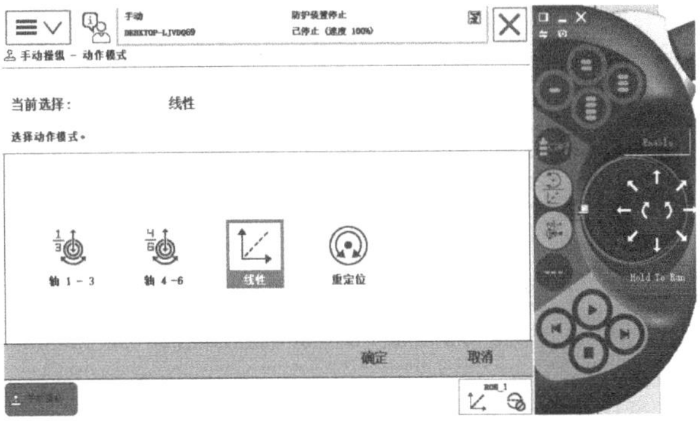	（4）如果"坐标系"不可选，则可通过修改"动作式"为"线性"或"重定位"，将"坐标系"调整为可选
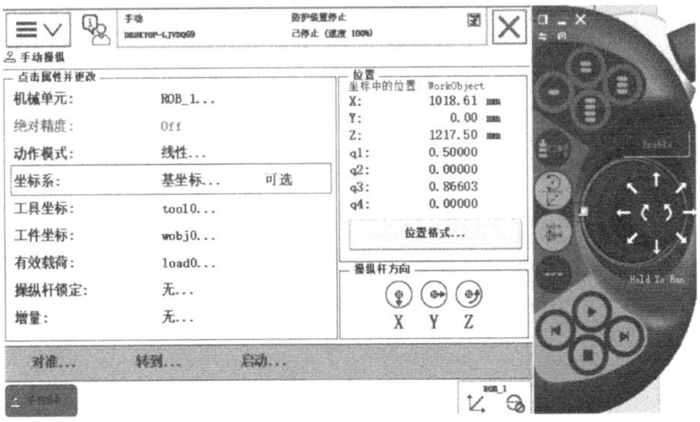	（5）单击可选的"坐标系"选项

续表

图示	操作步骤
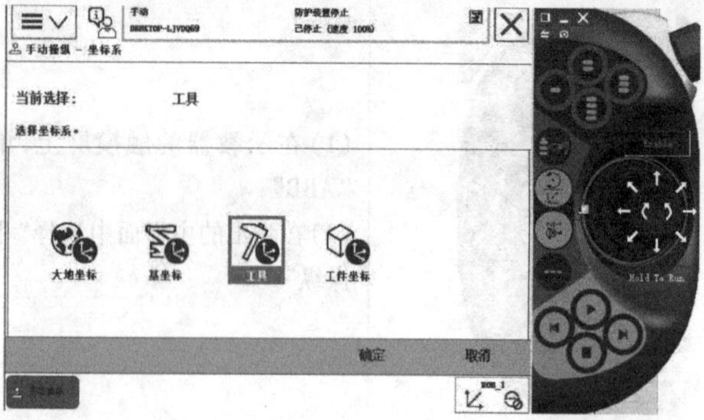	(6)在弹出的界面中,选择所需的坐标系后,点击"确定"按钮
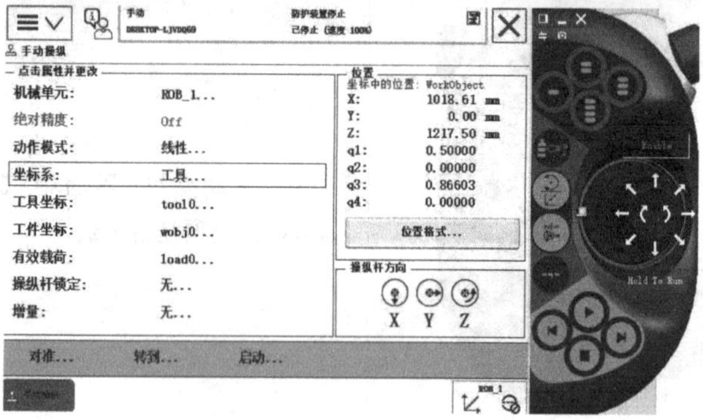	(7)选择后的坐标系效果

【任务书】

姓名		任务名称	坐标系的切换
指导教师		同组人员	
计划用时		实施地点	工业机器人实训室
时间		备注	
任务内容			

1. 对照工业机器人正确指出大地坐标系、基坐标系、工件坐标系和工具坐标系所在位置。

2. 在示教器上正确切换大地坐标系、基坐标系、工件坐标系和工具坐标系。

考核项目	认识工业机器人坐标系
	工业机器人坐标系切换操作

【任务完成报告】

姓名		任务名称	坐标系的切换
班级		小组人员	
完成日期		分工内容	

1. 描述基坐标系的概念、特点及应用

2. 描述大地坐标系的概念、特点及应用

3. 描述工件坐标系的概念、特点及应用

4. 描述工业机器人工具坐标系的概念、特点及应用

5. 描述工业机器人用户坐标系的概念、特点及应用

【任务测评】

项目	评价要素	评价标准	自我评价			教师评价	综合评价
			掌握	知道	再学		
知识准备	资料准备	参与资料收集,整理,自我学习					
	计划制订	能初步制订计划					
	小组分工	分工合理,协调有序					
任务过程	认识工业机器人坐标系	操作正确性、熟练程度					
	工业机器人坐标系切换	操作正确性、熟练程度					
	总结	内容掌握与理解					
拓展能力	知识迁移	能实现前后知识的迁移					
	应变能力	能举一反三,提出改进建议或方案					
学习态度	主动程度	自主学习,主动性强					
	合作意识	协作学习,能与同伴团结合作					
	严谨细致	仔细认真,不出差错					
	问题研究	能在实践中发现问题,并用理论知识解决实践中的问题					
	安全规程	遵守操作规程,安全操作					

项目 7 创建工业机器人的三个重要数据

◇ **项目引入**

在进行工业机器人现场编程之前,需要设置一些重要的参数数据,为机器人系统构建出必要的编程环境。其中,工具坐标系、工件坐标系和有效载荷数据就是需要进行定义的重要参数数据。

一般完成不同应用的工业机器人应配置不同的机器人工具。在使用工具前必须先定义新工具的物理属性,如质量、框架、方向等参数。ABB 工业机器人的工具坐标数据创建后,将保存在一个多维的程序数据变量 tooldata 中。

本项目介绍了在工业机器人现场编程之前构建编程环境时,对机器人工具坐标系、工件坐标系和有效载荷数据的创建与管理的相关知识。

在进行正式编程之前,需要构建必要的编程环境,其中工具数据 tooldata、工具数件 wobjdata 和负荷数据 loaddata 是三个必需的程序数据,需要在编程前进行定义。

◇ **知识目标**

1. 理解工具坐标系的概念和设置原理。

2. 理解工件坐标系的概念和设置原理。

3. 理解有效载荷的概念和设置原理。

4. 掌握使用示教器定义和管理工具坐标系的方法。

◇ **能力目标**

1. 能正确设定 ABB 工业机器人 tooldata 关键程序数据。

2. 能正确设定 ABB 工业机器人 wobjdata 关键程序数据。

3. 能正确设定 ABB 工业机器人 loaddata 关键程序数据。

◇ **素质目标**

1. 具有发现问题、分析问题、解决问题的能力。

2. 具有高度责任心和良好的团队合作能力。

3. 培养良好的职业素养和一定的创新意识。

4. 养成"认真负责、精检细修、文明生产、安全生产"等良好的职业道德。

任务7.1 工具坐标数据 tooldata 的创建

【知识点】

1. 了解工具数据 tooldata 的定义。
2. 机器人工具坐标系的定义及常用的 TCP 设定方法。

【技能点】

1. 能够进行工具坐标 TCP 的测量。
2. 掌握工具坐标系的设置步骤。
3. 掌握工具坐标系测量的原理及方法。

【任务描述】

了解工具坐标系的定义,掌握工具原点(TCP)的测定方法及分类。

【知识链接】

7.1.1 工具坐标系简介

一般完成不同应用的机器人应配置不同的工具。如弧焊机器人使用的焊枪、搬运机器人使用的吸盘或夹爪、喷涂机器人的喷枪等,如图 7-1-1 所示,这些工具都千差万别。

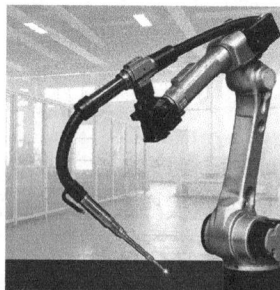
(a)焊枪工具

(b)吸盘工具

(c)喷枪工具

(d)夹具工具

图 7-1-1 机器人工具举例

工具数据 tooldata 用于描述安装在机器人第六轴上的工具坐标 TCP［工具坐标系的原点被称为 TCP（Tool Center Point，即工具中心点）］质量、重心等参数数据。工具数据 tooldata 也用于描述新工具坐标系相对于默认工具坐标系的位姿变换。tooldata 会影响机器人的控制算法（例如计算加速度）、速度和加速度监控、力矩监控、碰撞监控、能量监控等，因此机器人的工具数据需要正确设置。

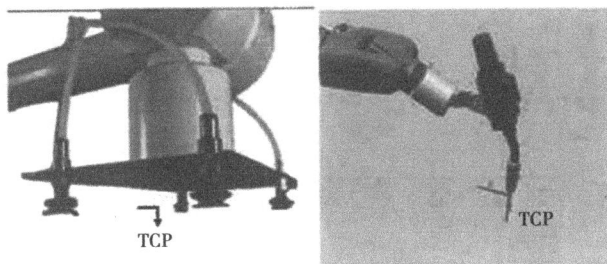

图 7-1-2 不同的机器人工具

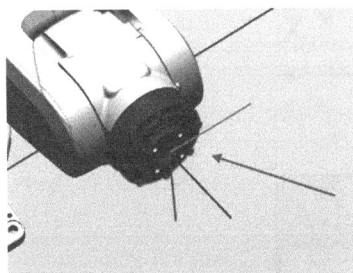

所有机器人在手腕处都有一个预定义的工具坐标系，该坐标系被称为 tool10。这样就能将一个或者多个新工具坐标系定义为 tool10 的偏移值。

默认工具（tool0）的工具中心点位于机器人安装法兰的中心，图 7-1-3 中标注的点就是原始的 TCP 点。执行程序时，机器人将 TCP 移至编程位置，这意味着，如果要更改工具及工具坐标系，机器人的移动将随之更改，以便新的 TCP 到达目标。

图 7-1-3 工具中心点

图 7-1-4 所示为选择数据类型界面，图 7-1-5 为 tooldata（以 tool1 为例）中包含的参数。

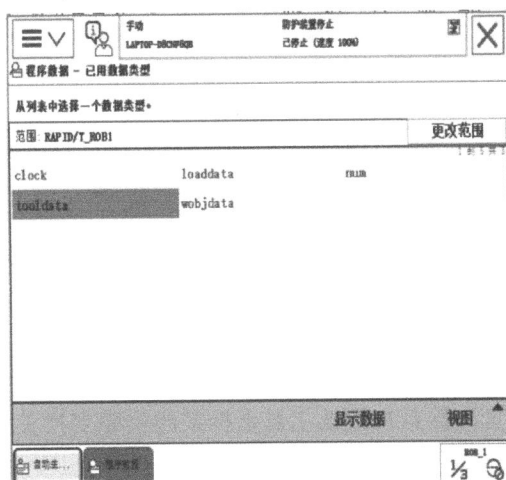

（a）程序数据界面　　　　（b）工具数据界面

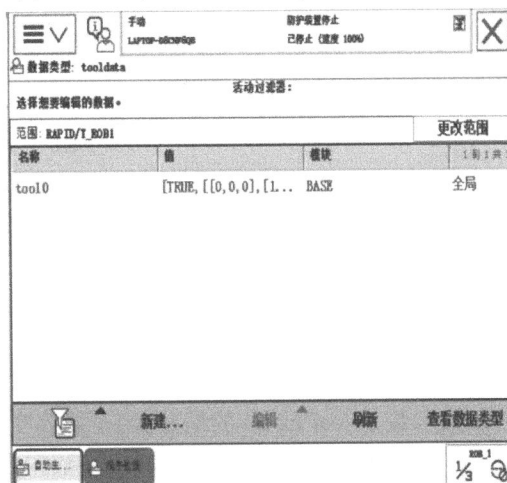

图 7-1-4 工具数据

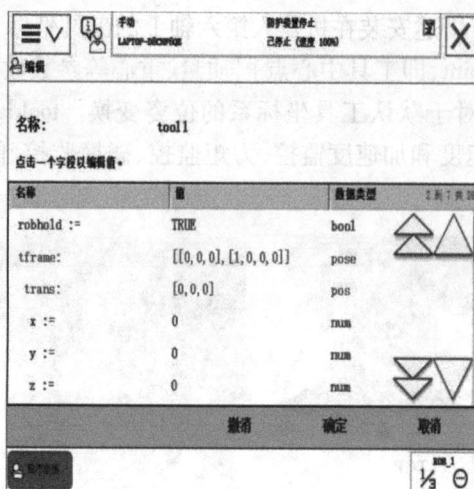

（a）tool1 工具数据参数界面 1

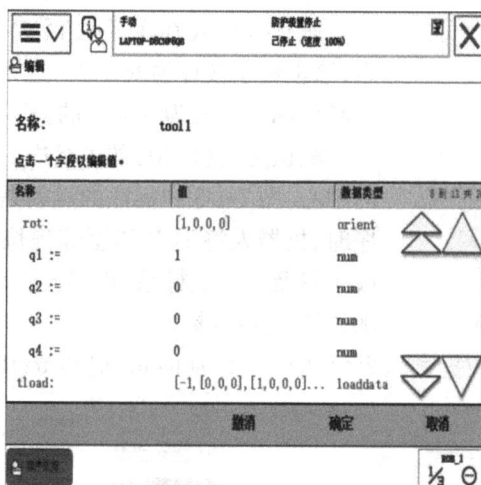

（b）tool1 工具数据参数界面 2

图 7-1-5　tooldata 中包含的参数

工具数据中包含多个参数,其数据结构如下。

（1）robhold。

该参数为单一数据类型,其数据类型为 bool,用于描述工具是否由工业机器人夹持,即工具是否安装在工业机器人末端。

（2）tframe。

该参数是 tool frame 的缩写,用于描述实际工具坐标系与默认工具坐标系的位姿变换关系,由 trans(位置)和 rot(姿态)两组参数构成。

（3）trans。

该组参数包含 x、y、z,共 3 个参数,分别用于描述实际工具末端点与默认工具末端点 x、y、z 方向的位置。

（4）rot。

该组参数包含 $q1$、$q2$、$q3$、$q4$,共 4 个参数,用 4 元数的形式表达实际工具坐标系与默认工具坐标系间的姿态变换。

（5）tload。

该参数是 tool load 的缩写，用于描述实际工具的重心位姿、惯性矩等参数。

（6）mass。

该参数指工具负载的质量，单位为 kg。

（7）cog。

该组参数包含 x、y、z，共 3 个参数，分别用于描述工具负载的重心位置与默认工具末端点 x、y、z 方向的位置。

（8）aom。

该组参数包含 $q1$、$q2$、$q3$、$q4$ 共 4 个参数，这 4 个参数的平方和为 1，用 4 元数的形式表达工具坐标系在基坐标系中的姿态变换。

（9）i_x、i_y、i_z。

该参数指围绕力矩惯性轴的惯性矩，单位为 $kg \cdot m^2$。

7.1.2　工具坐标系的功能

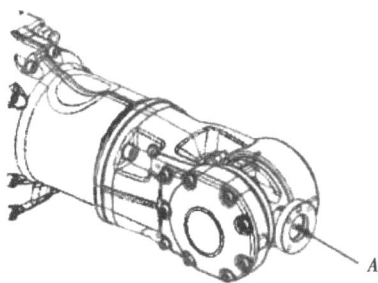

图 7-1-6　默认的工具中心点 A

ABB 工业机器人出厂时有一个默认工具 tool0 其中心点（简称 TCP）位于机器人法兰盘的中心，如图 7-1-6 所示的法兰盘中心点 A。

当使用 tool0 作为机器人工具参数运行程序时，工业机器人只会将法兰盘中心点 A 移至目标点位置：所以在实际应用中，往往需要根据工具的形状重新定义一个适合的工具坐标系（CPR 和工具中心点 CP），在默认条件下将生成一个名为 tool1 的工具坐标数据，该工具的 TCP 实质上是法兰盘中心点 A 的偏移量。此时运行程序，工业机器人将会把工具 tool1 的 TCP 移至目标点位置。

如图 7-1-7 所示，当新的机器人工具坐标系创建后，无论机器人的手臂姿势如何变化，工具坐标系都以工具的有效方向为基准，与机器人的位置、姿势无关。

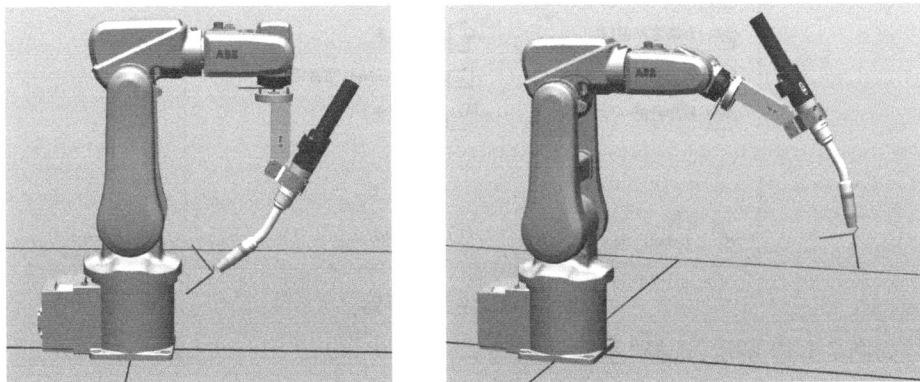

图 7-1-7　工具坐标系示意图

7.1.3　工具坐标系的设定原理

ABB 工业机器人只需通过设置 TCP 就可以自动生成新的 TCPF。TCP 的设定原理如下：

（1）在机器人工作范围内找一个非常精确的固定点作为参考点。

（2）在工具上确定一个参考点（最好是工具的中心点）。

（3）用手动操纵机器人的方法，去移动工具上的参考点，使 4 种以上不同的机器人姿态尽可能与固定点刚好碰上。前三个点的姿态相差尽量大些，这样有利于 TCP 精度的提高，如图 7-1-8 所示。

（4）机器人通过记录同一目标点上 4 种姿态的位置数据计算求得 TCP 的数据，然后将 TCP 的数据以 tooldata 格式保存到 tool（默认 tool1 ～ tooln）中，供程序调用。

常用的 TCP 的设定方法包括：$N(N>=3)$ 点法，TCP 和 Z 法，TCP 和 Z、X 法。

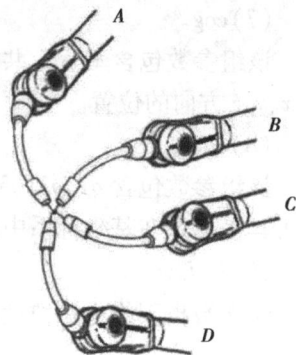

图 7-1-8　TCP 设定原理

（1）$N(N>=3)$ 点法：机器人的 TCP 通过 N 种不同的姿态同参考点接触，得出多组解。通过计算得出当前 TCP 与机器人安装法兰中心点（Tool0）相应位置，其坐标系方向与 Tool0 一致。

（2）TCP 和 Z 法：在 N 点法的基础上，Z 点与参考点连线为坐标系 Z 轴的方向。

（3）TCP 和 Z、X 法：在 N 点法基础上，X 点与参考点连线为坐标系 X 轴的方向，Z 点与参考点连线为坐标系 Z 轴的方向。

以 TCP 和 Z，X 法（$N>=4$）建立一个新的工具数据 tool 的操作方法如下：

（1）单击"ABB"按钮，弹出如图 7-1-9 所示界面。

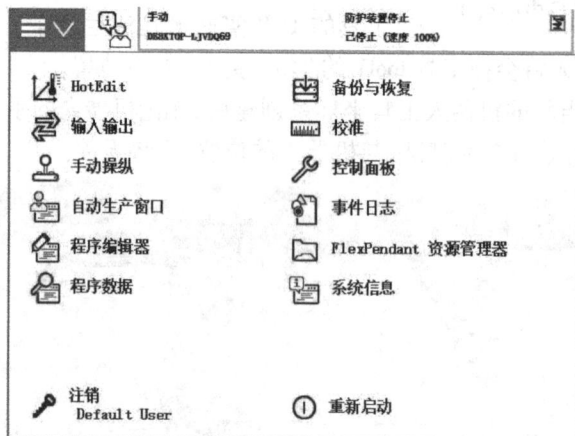

图 7-1-9　主菜单界面

（2）如图 7-1-10 所示，选择"手动操纵"。

（3）如图 7-1-11 所示，选择"工具坐标"。

（4）如图 7-1-12 所示，单击"新建"。

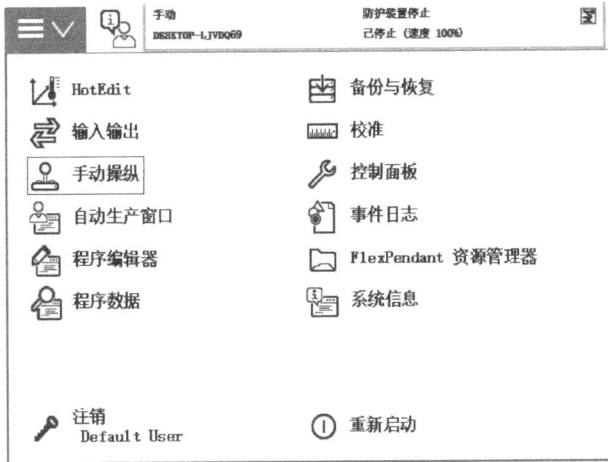

图 7-1-10　选择"手动操纵"

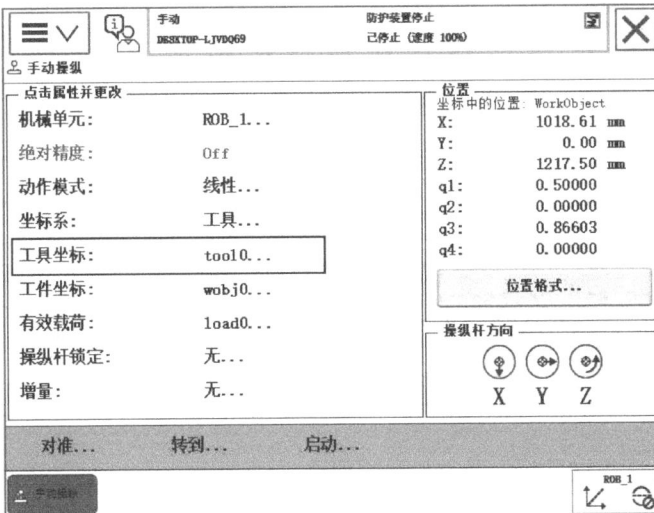

图 7-1-11　选择"工具坐标"

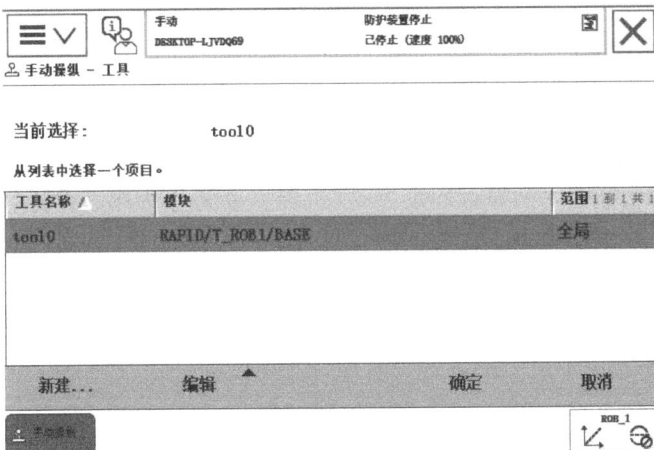

图 7-1-12　新建工具坐标

（5）如图 7-1-13 所示，选中 tool，单击"编辑"菜单中的"定义…"选项。

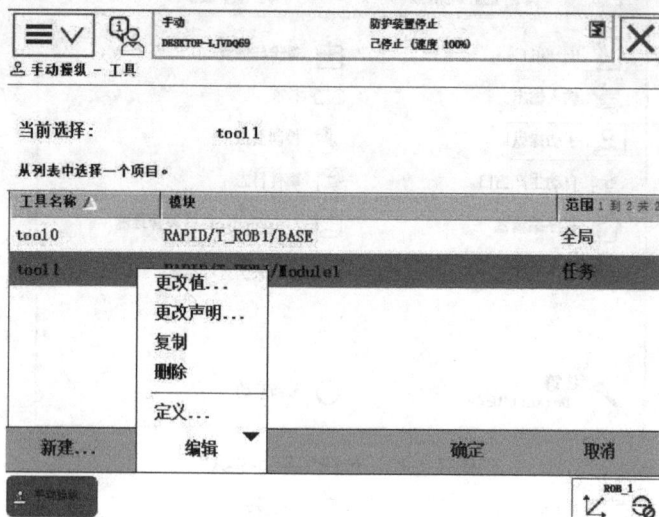

图 7-1-13　定义工具坐标

（6）如图 7-1-14 所示，选择"TCP 和 Z, X"。

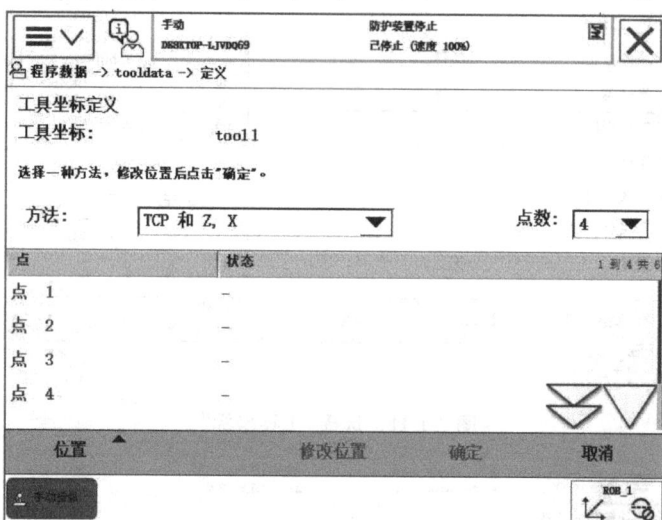

图 7-1-14　选择"TCP 和 Z, X"

（7）如图 7-1-15 所示，通过示教器选择合适的手动操纵模式。

（8）按下使能键，操作手柄靠近固定点，以机器人姿势作为第一个点，单击"修改位置"完成第一点的修改，如图 7-1-16 所示。

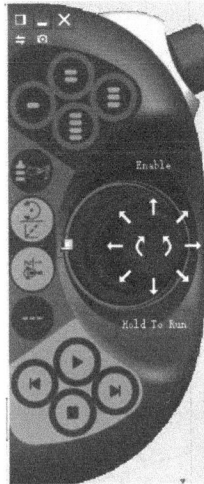

图 7-1-15　选择合适的手动操纵模式

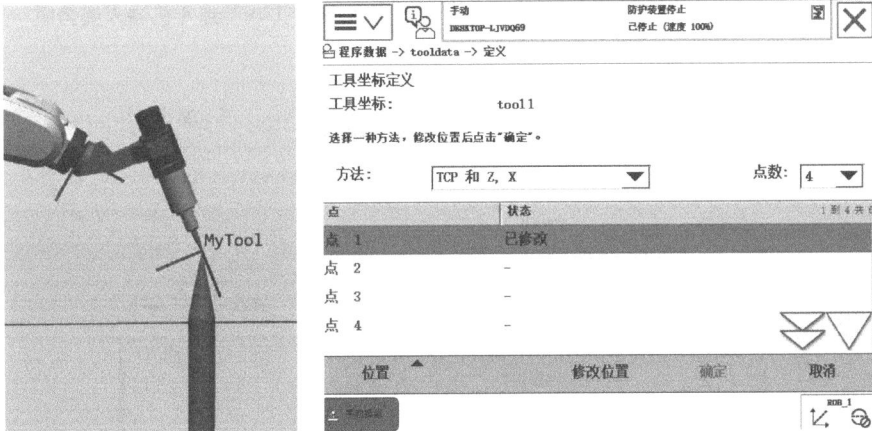

图 7-1-16　单击"修改位置"

（9）按照上面的操作依次完成对点 2、3、4 的修改。

点 2 机器人姿势如图 7-1-17 所示。

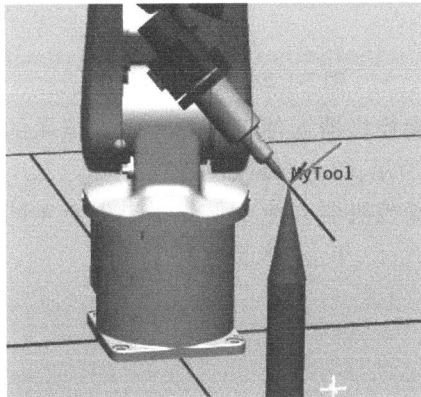

图 7-1-17　点 2 机器人姿势图

点 3 机器人姿势如图 7-1-18 所示。

点 4 机器人姿势如图 7-1-19 所示。

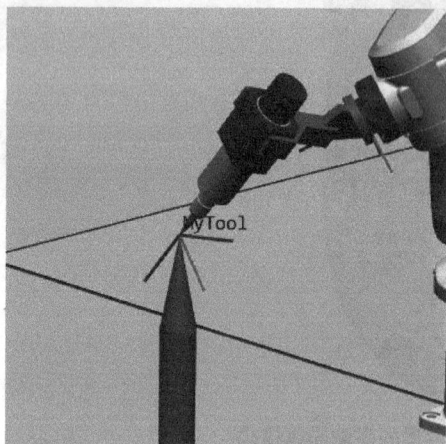
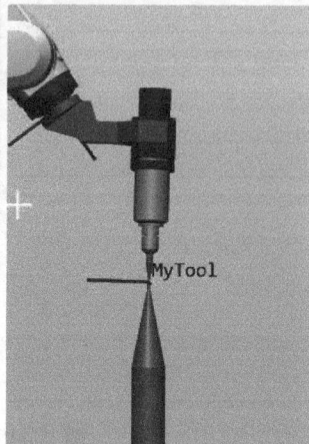

图 7-1-18　点 3 机器人姿势图　　　　图 7-1-19　点 4 机器人姿势图

四个点修改完成后如图 7-1-20 所示。

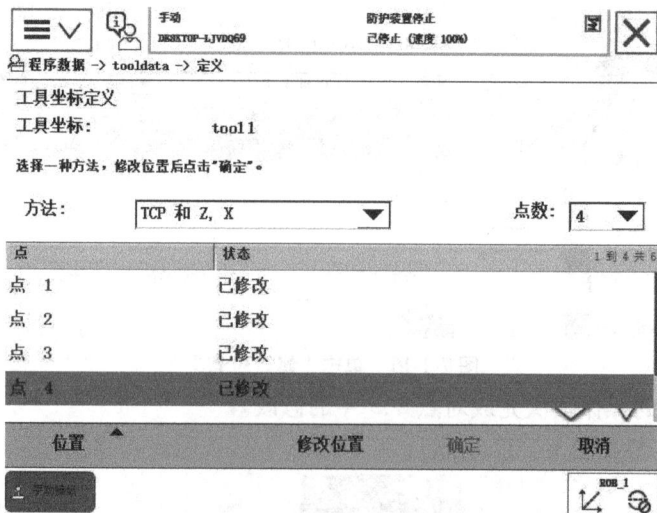

图 7-1-20　修改完成界面

（10）如图 7-1-21 所示，操控机器人使工具参考点以点 4 的姿态从固定点移动到工具 TCP 的+X 方向；如图 7-1-21 所示，单击"修改位置"。

（11）如图 7-1-22 所示，操控机器人使工具参考点以点 4 的姿态从固定点移动到工具 TCP 的+Z 方向，如图 7-1-23 所示，单击"修改位置"。

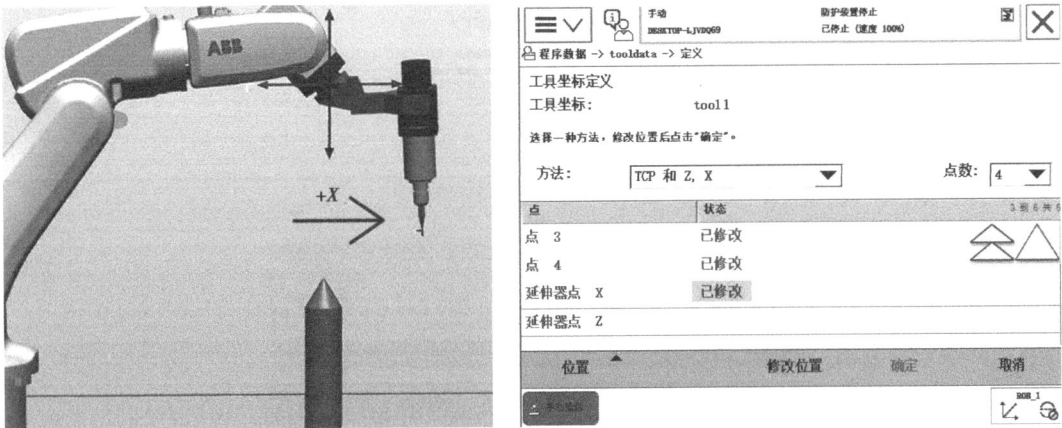

图 7-1-21　移动到 TCP 的 +X 方向

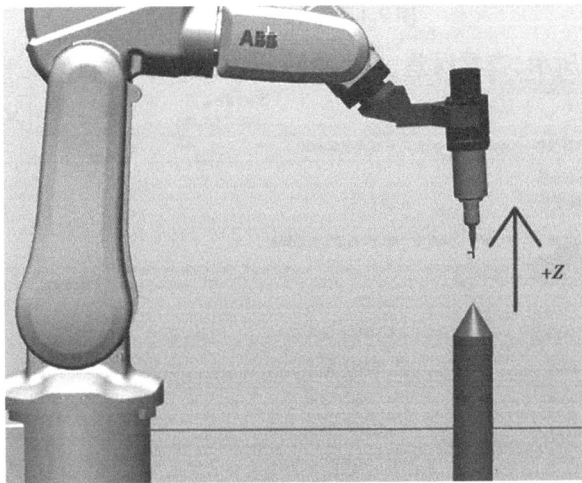

图 7-1-22　移动到 TCP 的 +Z 方向

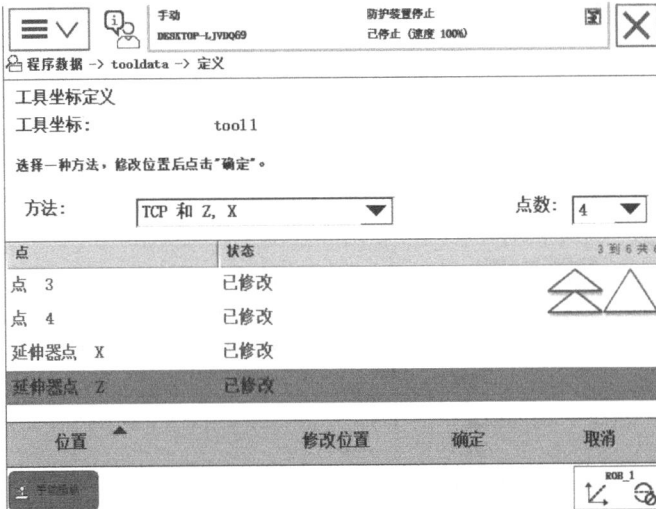

图 7-1-23　单击"修改位置"

（12）如图 7-1-24 所示，单击"确定"完成位置修改。

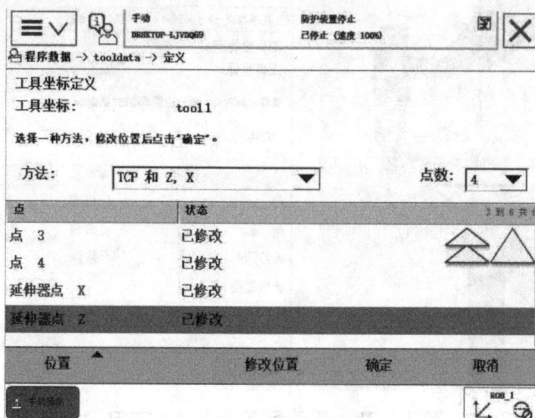

图 7-1-24　单击"确定"

（13）如图 7-1-25 所示，查看误差，越小越好，但也要以实际验证效果为准。

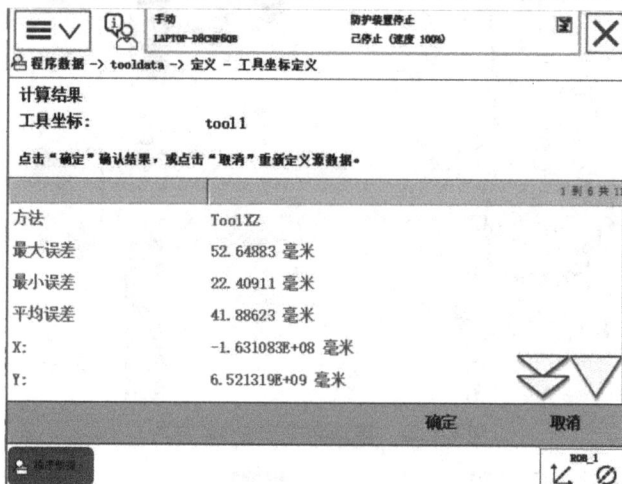

图 7-1-25　误差显示界面

（14）如图 7-1-26 所示，选中"tool"，然后打开编辑菜单并选择"更改值"。

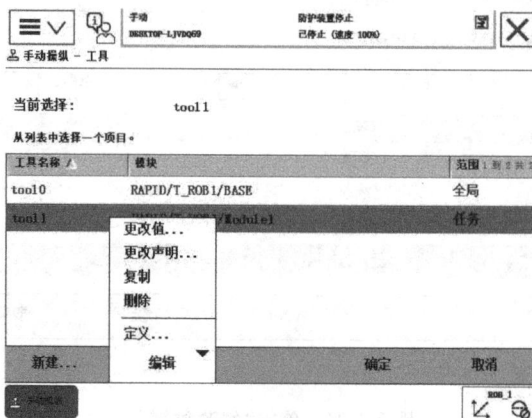

图 7-1-26　单击"更改值…"

（15）如图 7-1-27 所示为 tool 的更改值菜单。

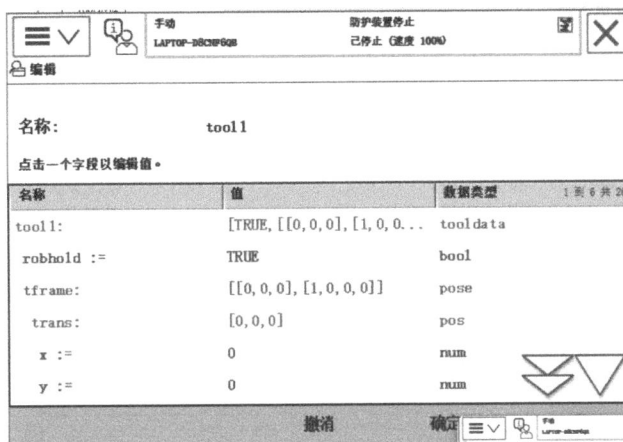

图 7-1-27　tool 数据显示界面

（16）单击箭头向下翻页，将 mass 的值改为工具的实际质量（单位：kg），如图 7-1-28 所示。

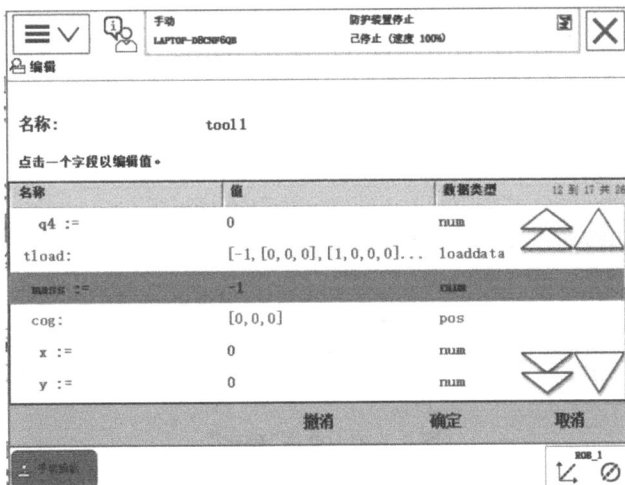

图 7-1-28　实际质量修改

（17）如图 7-1-29 所示，编辑工具重心坐标，以实际坐标为准最佳。

（18）如图 7-1-30 所示，单击"确定"完成 tool 数据更改。

（19）按照工具重定位动作模式，把坐标系选为"工具"；工具坐标选为"tool"，如图 7-1-31 所示。通过示教器操作可看见 TCP 点始终与工具参考点保持接触，而机器人根据重定位操作改变姿态。

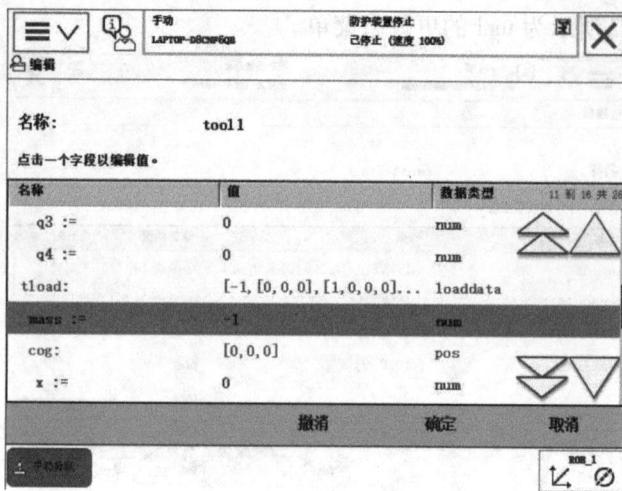

图 7-1-29 编辑工具重心坐标

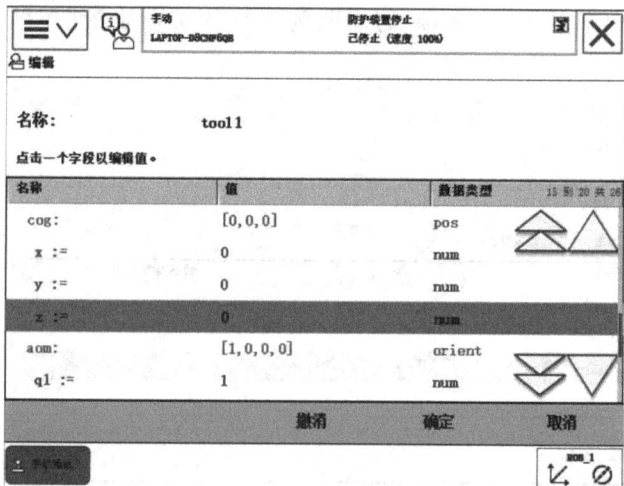

图 7-1-30 单击"确定"

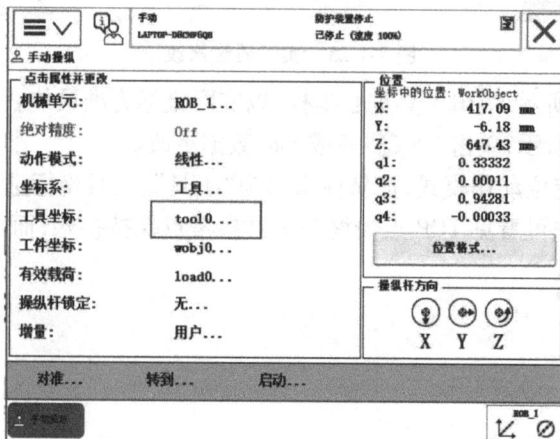

图 7-1-31 选择"tool0…"

提示：

为了获得更准确的工具 TCP，还可以使用六点法进行 TCP 设置操作。第四点是用工具的参考点垂直于固定点，第五点是工具参考点从固定点向将要设定为 TCP 的 X 方向移动，第六点是工具参考点从固定点向将要设定为 TCP 的 Z 方向移动。

TCP 取点数量的区别：

（1）四点法：不改变 tool0 的坐标方向。

（2）五点法：改变 tool0 的 Z 轴方向。

（3）六点法：改变 tool0 的 X 轴和 Z 轴方向（在焊接应用中最为常见）。

【任务实施】

1）创建工具坐标系

以典型的焊枪工具为背景，创建工业机器人的工具坐标系，其操作步骤如下。

（1）新建工具坐标数据 tool1。

新建工具坐标数据 tool1 操作步骤见表 7-1-1。

表 7-1-1 新建工具坐标数据 tool1 操作步骤

图示	操作步骤
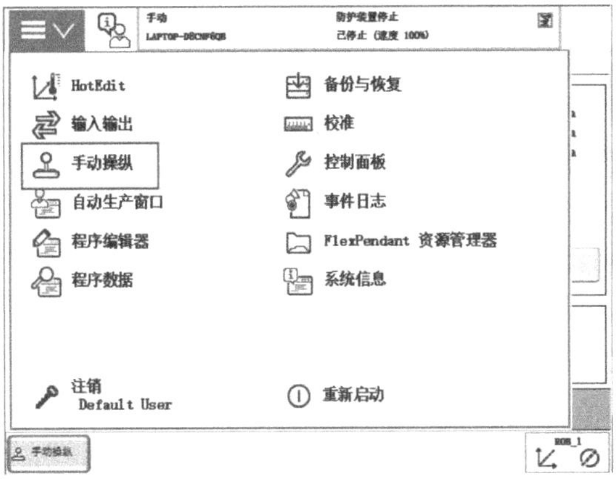	（1）在示教器的主功能菜单中单击"手动操纵"按钮
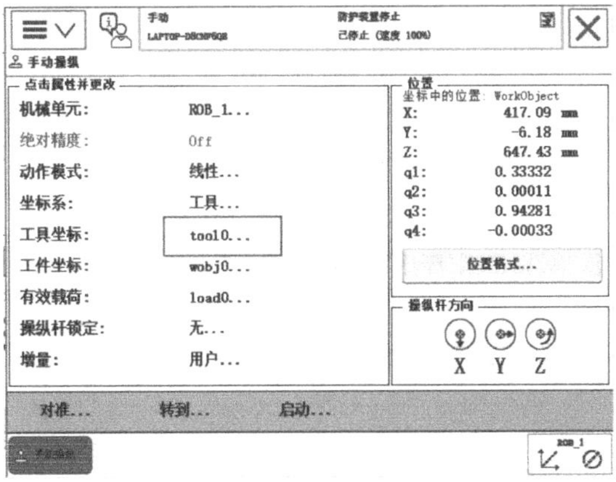	（2）进入手动操纵界面中，在属性设置中单击工具坐标中的 tool0

续表

图示	操作步骤
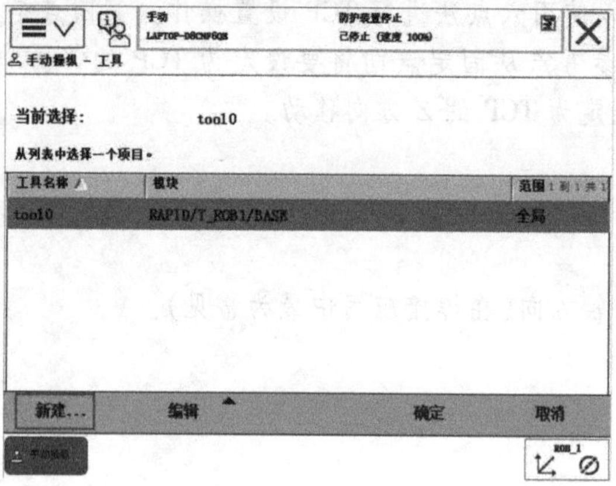	(3)进入系统工具坐标显示列表,此处为系统默认 tool0,单击"新建…"创建新工具坐标系
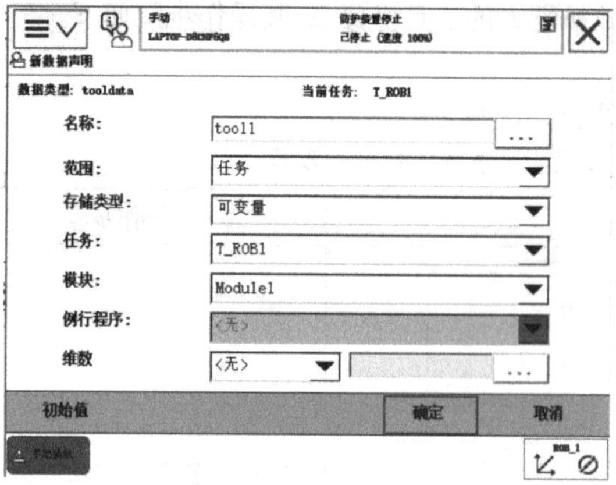	(4)对工具数据 tool1 进行属性设置后,单击"确定"按钮。工具声明属性参数见表 7-1-2

(2)工具声明属性参数设置。

工具声明属性设置界面可设置的基本属性有工具名称、范围、存储类型、模块及例行程序归属等信息,也可设置 tooldata 的初始值,见表 7-1-2。

表 7-1-2　工具声明属性参数

属性	操作步骤	说明
工具名称	点击名称旁边的"…"按钮	工具将自动命名为 tool,后跟顺序号,例如 tool1。建议将其更改为更加具体的名称,例如焊枪、夹具或焊机等
范围	从菜单中选择需要的范围	工具应该始终保持全局状态,以便用于程序中的所有模块
存储类型	变量、可变量、常量	工具变量必须始终是持久变量
模块、例行程序归属	从菜单中选择声明该工具的模块及例行程序归属	

（3）六点法定义工具坐标系。

六点法定义工具坐标系操作步骤见表7-1-3。

表 7-1-3　六点法定义工具坐标系操作步骤

图示	操作步骤
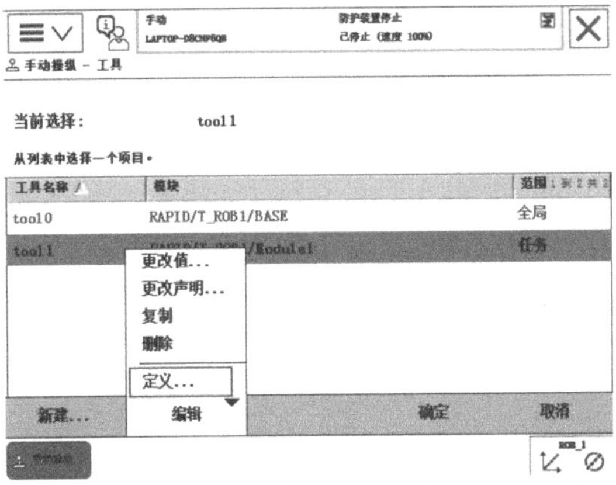	（1）工具 tool1 创建好后，需要对其参数进行定义设置。选中新建的工具 tool1，展开"编辑"菜单，单击"定义"
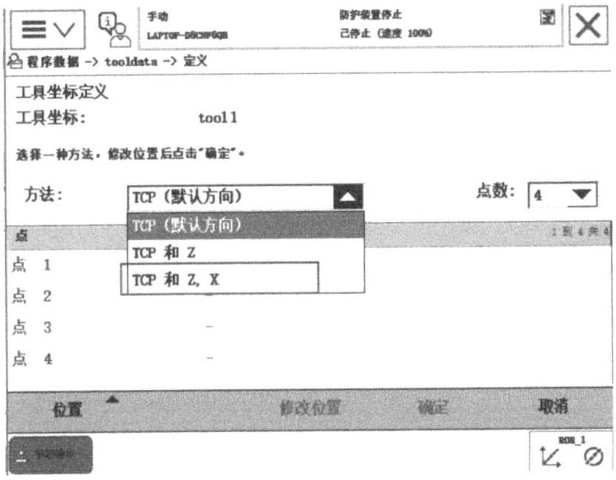	（2）在定义界面中，选择适合的校正方式，这里采用六点法定义，即 4 点不同姿态的 TCP、1 点+X 方向和 1 点+Z 方向，单击"方法"下拉框
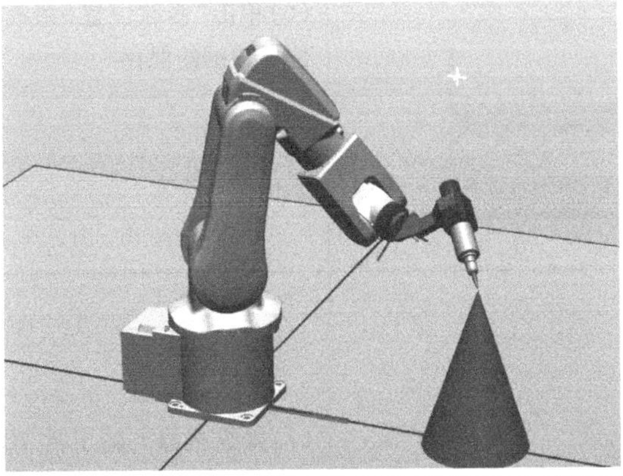	（3）选择合适的手动操纵模式，操纵机器人的工具 TCP 尽可能靠近固定点（圆锥体顶端）

续表

图示	操作步骤
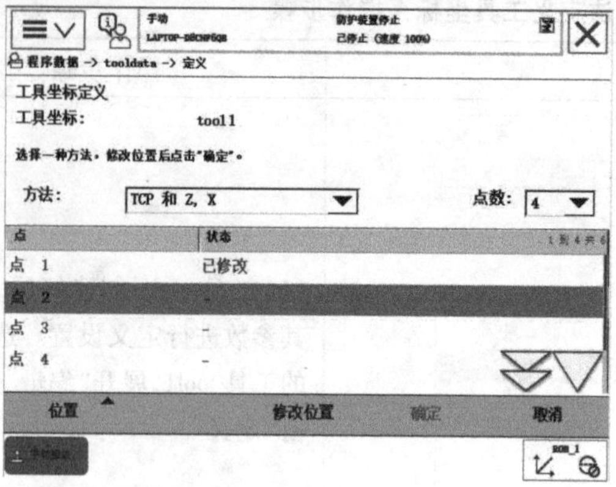	(4)单击"修改位置"完成第 1 点位姿数据的保存
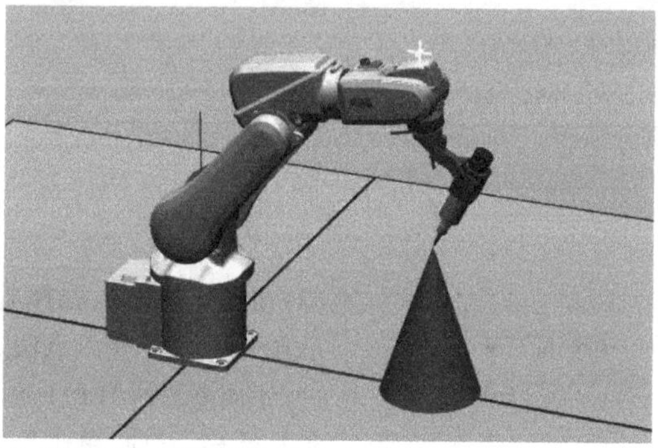	(5)操纵机器人的工具 TCP 以第二种姿态尽可能靠近固定点
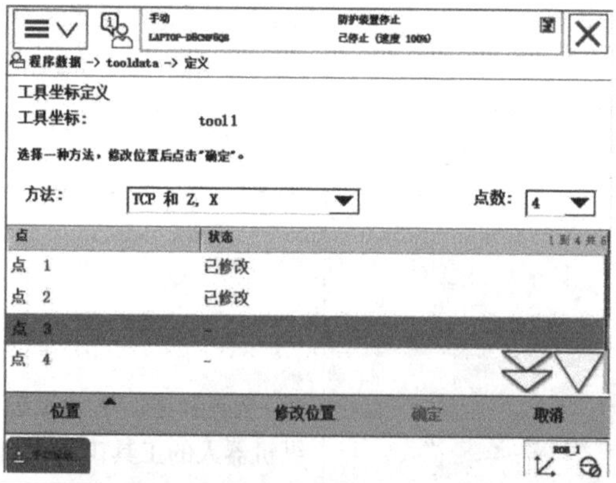	(6)单击"修改位置"完成第 2 点位姿数据的保存
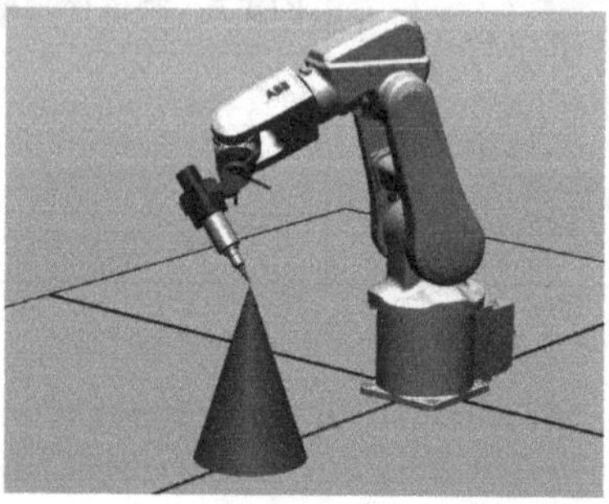	(7)操纵机器人的工具 TCP 以第三种姿态尽可能靠近固定点

续表

图示	操作步骤
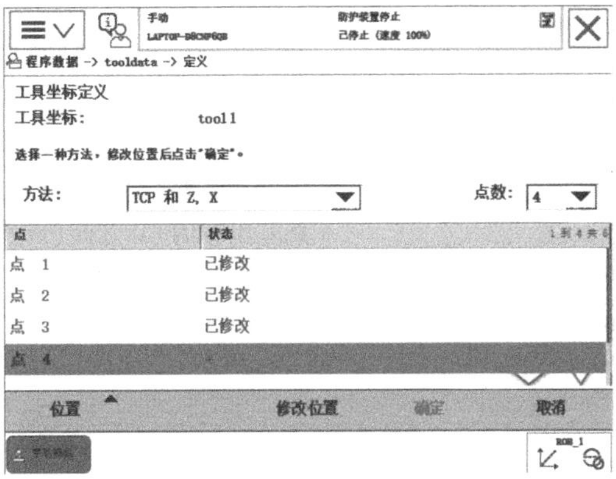	(8)单击"修改位置"完成第3点位姿数据的保存
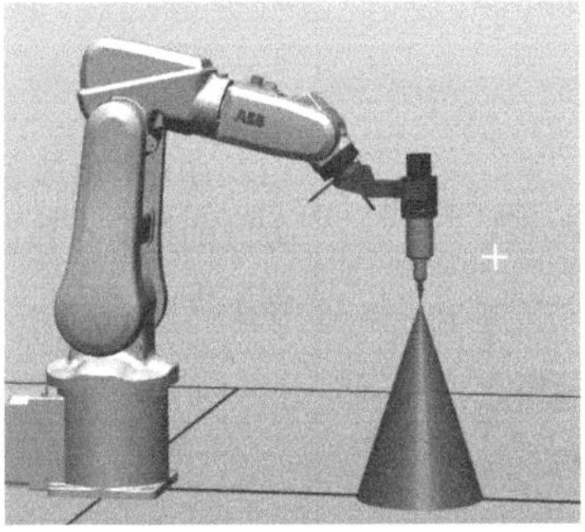	(9)操纵机器人的工具TCP以图所示的正直姿态尽可能靠近固定点
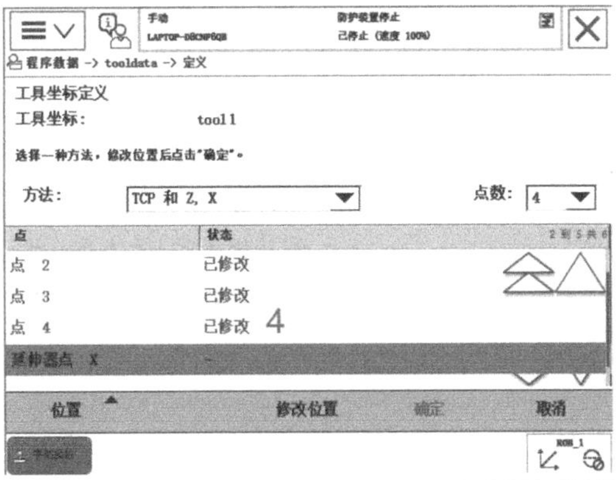	(10)单击"修改位置"完成第4点位姿数据的保存

续表

图示	操作步骤
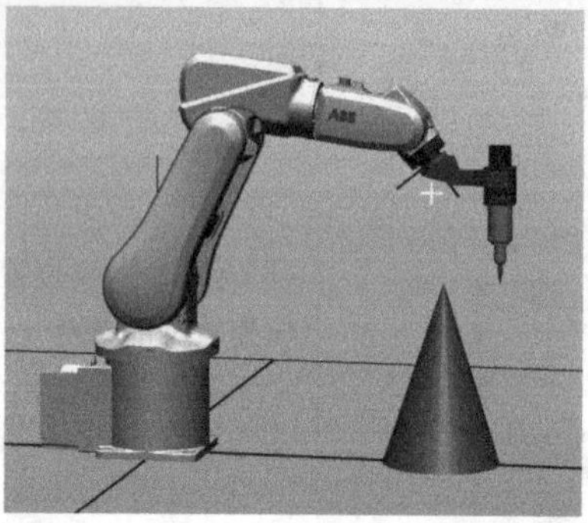	(11)操纵机器人的工具 TCP 在第四种姿态的基础上从固定点移动到基坐标的+X 方向(此点决定工具坐标系 x 轴的正方向)
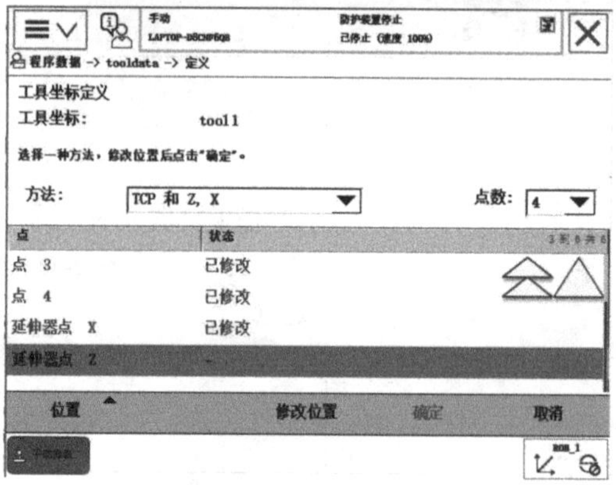	(12)单击"修改位置",将 x 轴正方向的延伸点作为第 5 点位姿数据来保存
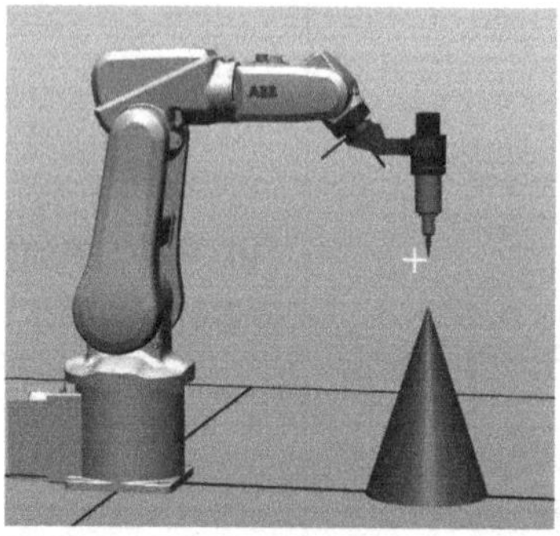	(13)操纵机器人的工具 TCP 在第四种姿态的基础上从固定点移动到基坐标的+Z 方向(此点决定工具坐标系 z 轴的正方向)
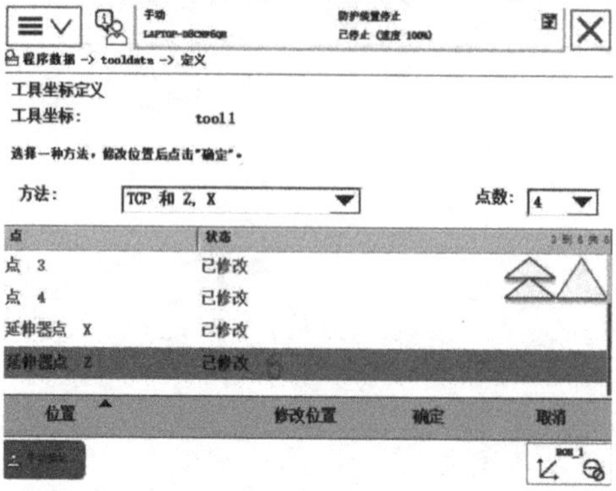	(14)单击"修改位置",将 z 轴正方向的延伸点作为第 6 点位姿数据来保存

图示	操作步骤
	(15)单击"确定"完成设置

提示:

(1)正确选择机器人的操作方式,移动机器人使工具参考点,刚好靠上固定点。

(2)机器人工具在靠近固定点时,机器人的操作速度要慢,一定要注意选择合适的增量。

(3)机器人以4种不同的姿态靠上固定点姿态,差别越大,TCP设定越精确。

(4)设定延伸器点 *X* 和延伸器点 *Z* 的操作顺序不能更换。

2)工具坐标系的管理

(1)定义误差的确认。

定义后的计算结果将显示并需要用户确认生效,为了得到更好的结果,也可以选择恢复框架定义,误差结果是否接受取决于使用的工具及机器人类型等因素,需要用户确认的较关键参数有以下几项:

Max Error(最大误差):所有接近点的最大误差。

Min Error(最小误差):所有接近点的最小误差。

Mean Error(平均误差):计算 TCP 所得到的接近点的平均距离。

定义误差的确认的操作步骤见表7-1-4。

表7-1-4　定义误差的确认的操作步骤

图示	操作步骤
	若工具坐标系定义误差符合应用要求,则单击"确定"按钮

（2）编辑工具坐标系。

工具坐标系创建后可以进行再编辑及属性修改，常见的编辑方式有更改值、更改声明、复制、删除和定义等操作，其详细操作说明见表 7-1-5。

表 7-1-5　编辑工具坐标系的操作说明

操作	说明
更改值	tooldata 初始化设置，包括质量、重心等固有属性
更改声明	更改 tooldata 存储类型、作用范围等程序数据属性
复制	生成第二个工具坐标系
删除	不可恢复性操作，谨慎操作
定义	对坐标参数进行重新定义

操作方法：在系统工具坐标列表中，选中需要编辑的工具坐标，单击"编辑"按钮展开后，选择所需的操作，如图 7-1-32 所示。

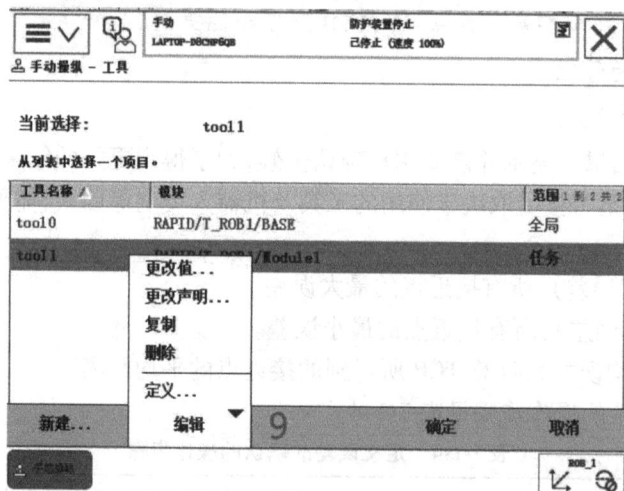

图 7-1-32　进入编辑工具坐标系的操作

（3）设置工具的质量与重心偏移参数。

工具的质量和重心偏移参数是工具的固有属性，新建的工具坐标系都必须正确设置，否则程序运行会出现错误；需要注意的是，质量数据默认为-1，用默认值运行会出现错误提示，其操作步骤见表 7-1-6。

表 7-1-6 设置工具的质量与重心偏移参数的操作步骤

图示	操作步骤
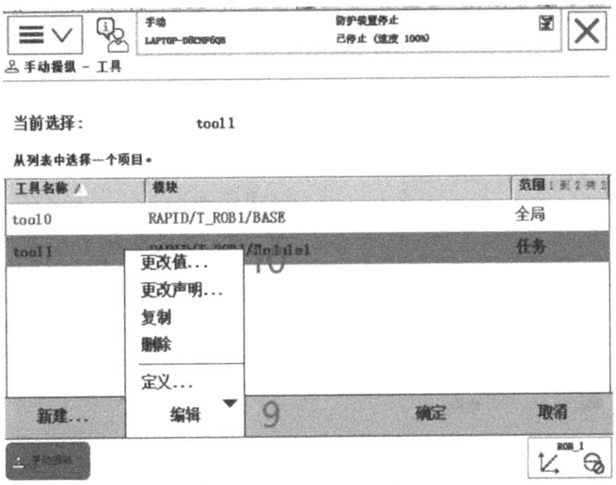	(1)在系统工具坐标列表中,选中需要编辑的工具坐标,单击"编辑"展开后,选择"更改值…"
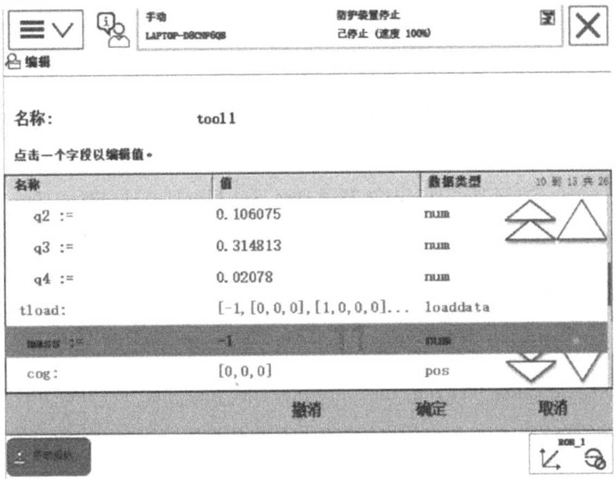	(2)单击下翻按钮▽,使编辑值进入 mass 质量设置位置
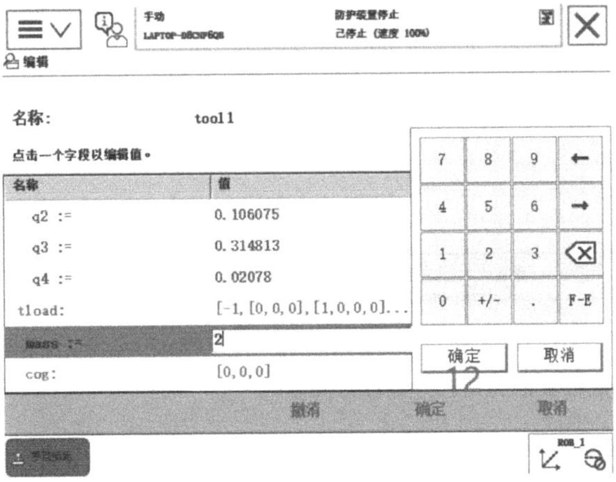	(3)单击 mass 的数值,直接输入该工具的质量(假设为2),单位为 kg(千克)

续表

图示	操作步骤
	(4)单击 cog 下的 x、y、x 数值,直接输入该工具的重心偏移值,单位为 mm(毫米)

(4)设置工具的力矩、力矩轴方向参数。

在"更改值…"编辑中可以看到 tooldata 的 aom 和 tload 参数,表示工具重心有关力矩的数值与方向。多数情况下,由于工具重心的转动力矩和转动惯量非常小,相对于工业机器人的作业力矩及惯量影响几乎可忽略,因此一般不需要设定此参数,但是对于大型或重心偏移较大的工具,则需要经过详细测量计算后设置该值,其操作如下:单击 aom 和 tload 下的数值,直接输入该工具的力矩和力矩轴参数,如图 7-1-33 所示。

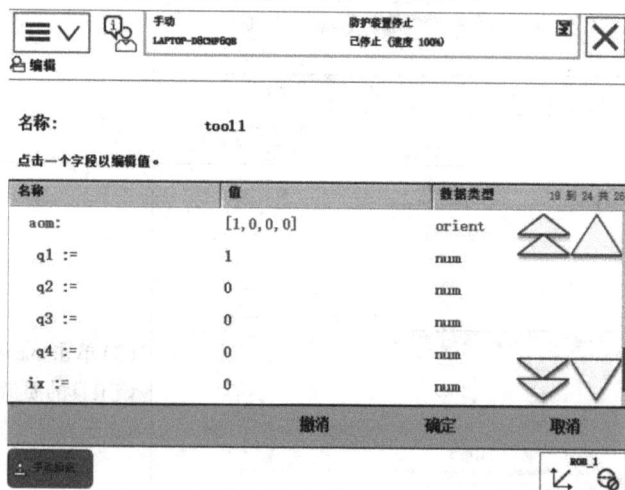

图 7-1-33　设置工具的力矩、力矩轴方向参数

(5)验证工具数据。

验证工具数据的操作步骤见表 7-1-7。

表 7-1-7　验证工具数据的操作步骤

图示	操作步骤
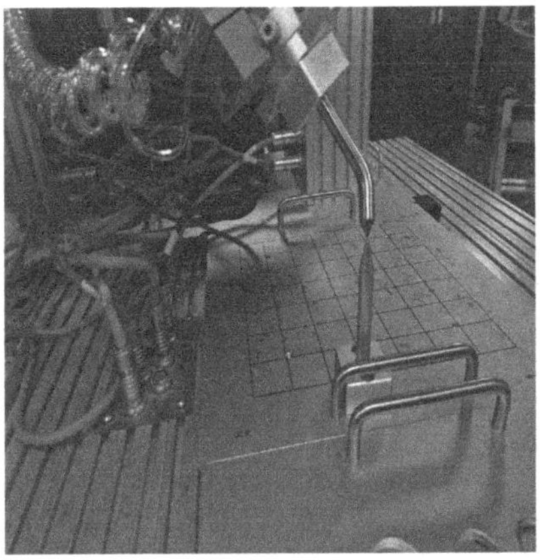	(1)在基坐标系下将工业机器人模拟焊接工具末端与辅助标定工具对准
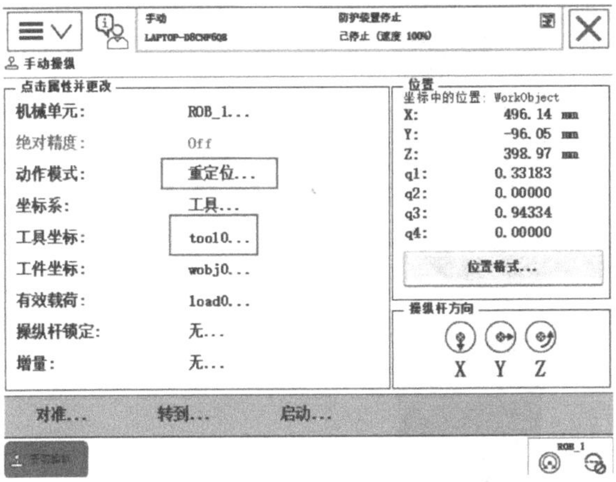	(2)打开"手动操纵"界面,将"动作模式"栏设定为"重定位","工具坐标"栏设定为"tool0"
	(3)操作机器人使工具参考点靠上固定点,在重定位操作模式下,按下伺服上电按钮,操控示教盒操作杆绕 X、Y、Z 三个方向运行,工业机器人模拟焊接工具末端始终与辅助标定工具对准,说明工具数据正确

(6)设置搬运夹具的工具数据。

一般情况下,搬运夹具为真空吸盘或夹爪甲转端面为平面,我们以工具质量为 20 kg,重心在默认 tool0 的 Z 轴正方向偏移 200 mm TCP 点设定在吸盘的接触面上。以默认 tool0 上的 Z 轴方向偏移量为 300 mm 为例进行设定。设置步骤见表 7-1-8。

表 7-1-8　设置搬运夹具的工具数据的操作步骤

图示	操作步骤
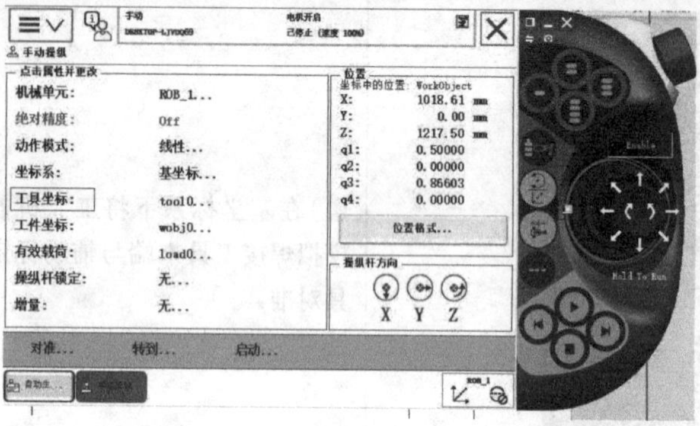	(1)选择"工具坐标"选项
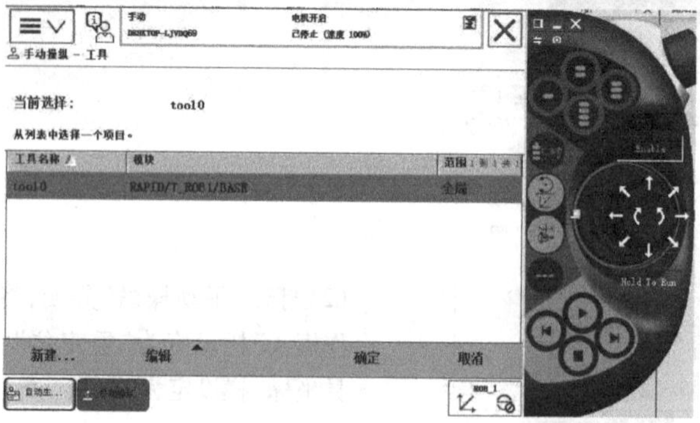	(2)选择"新建"按钮
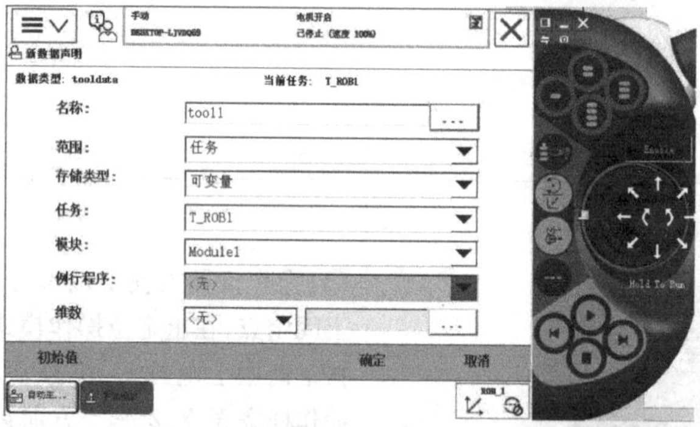	(3)单击"初始值"按钮
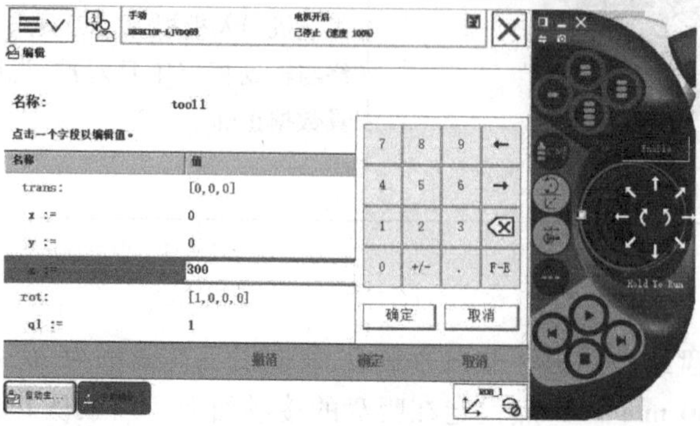	(4)设定 TCP 点在 Z 轴正方向的偏移量为 300 mm

续表

图示	操作步骤
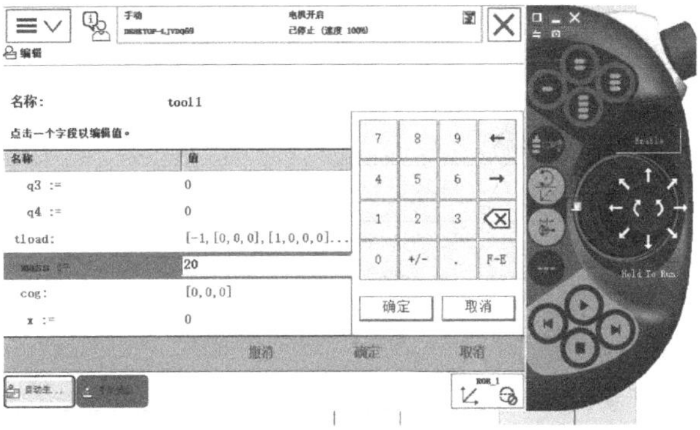	（5）设定工具质量
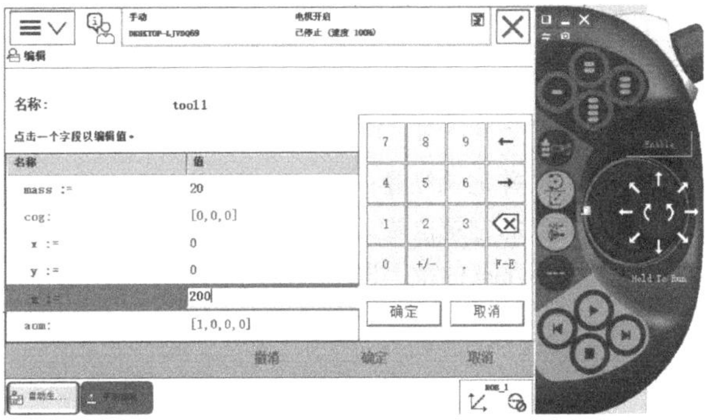	（6）设定重心的偏移量为 200 mm
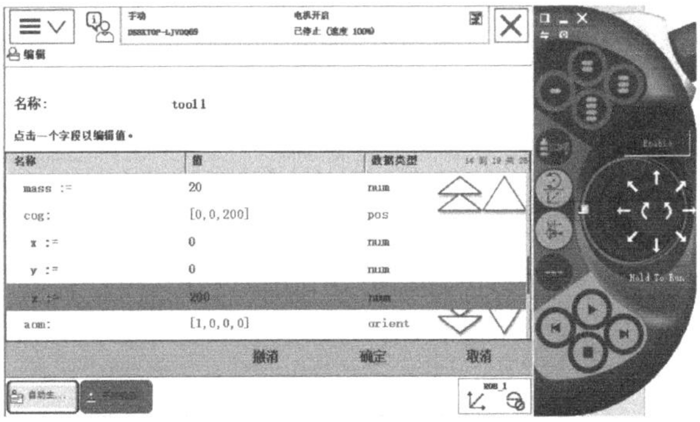	（7）单击"确定"按钮，完成初始值的设定
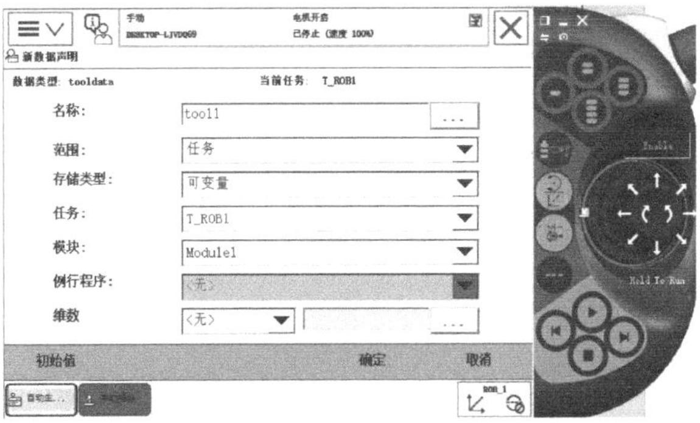	（8）单击"确定"按钮，完成工具数据的建立

【任务书】

姓名		任务名称	工具坐标数据的创建
指导教师		同组人员	
计划用时		实施地点	工业机器人实训室
时间		备注	

任务内容

1. 设定工具数据 tooldata

①采用 TCP 和 Z、X 法($N=4$)测定工具坐标系 tool1；

②依次进入 ABB 主菜单、手动操纵、工具坐标选项；

③新建工具坐标，名称为 tool1；

④利用 TCP 和 Z、X 法定义 tool1；

⑤移动工具参考点，以四种不同的姿态靠近固定点（第四点用工具参考点垂直于固定点），并依次记录位置；

⑥利用第四点的姿态，从固定点向设定的 X 正方向移动，并记录位置；

⑦利用第四点的姿态，从固定点向设定的 Z 正方向移动，并记录位置；

⑧确认修改位置，观察 tool1 的平均误差，误差值在小于 1 mm 的范围即可。

考核项目	工具坐标系的定义
	工具坐标系的设定原理
	工具坐标系的设定步骤

【任务完成报告】

姓名		任务名称	工具坐标数据的创建
班级		小组人员	
完成日期		分工内容	

1. 什么是工具数据 tooldata？

2. 简述工具坐标系的设定原理

【任务测评】

项目	评价要素	评价标准	自我评价			教师评价	综合评价
			掌握	知道	再学		
知识准备	资料准备	参与资料收集,整理,自我学习					
	计划制订	能初步制订计划					
	小组分工	分工合理,协调有序					
	工具坐标系的设定	操作正确性、熟练程度					
	总结	内容掌握与理解					
拓展能力	知识迁移	能实现前后知识的迁移					
	应变能力	能举一反三,提出改进建议或方案					
学习态度	主动程度	自主学习,主动性强					
	合作意识	协作学习,能与同伴团结合作					
	严谨细致	仔细认真,不出差错					
	问题研究	能在实践中发现问题,并用理论知识解决实践中的问题					
	安全规程	遵守操作规程,安全操作					

任务 7.2　工件坐标数据 wobjdata 的创建

【知识点】

1. 了解工件数据 wobjdata 的定义。
2. 掌握工件坐标系的创建原理。

【技能点】

1. 掌握工件坐标系的设置步骤。
2. 掌握创建工件坐标的优势。

【任务描述】

了解工件坐标系的定义,掌握工件坐标系应用优势及测定方法。

【知识链接】

工件坐标系对应工件,它定义了工件相对于大地坐标(或其他坐标系)的位置。工业机器人可以拥有多个工件坐标系,可以表示不同的工件,也可以表示同一工件的相对位移量。对机器人进行轨迹编程就是在工件坐标系中创建目标点和路径。

创建工件坐标的好处有:重新定位工作站中的工件时,只需要更改工件坐标的位置,所在的路径也将随之改变;允许操作以外轴或传送导轨移动的工件,因为整个工件可连同其路径一起移动。

1)工件坐标系的功能

如图 7-2-1 所示,A 为大地坐标系,B 为机器人的基坐标系,C 是机器人的用户坐标系。

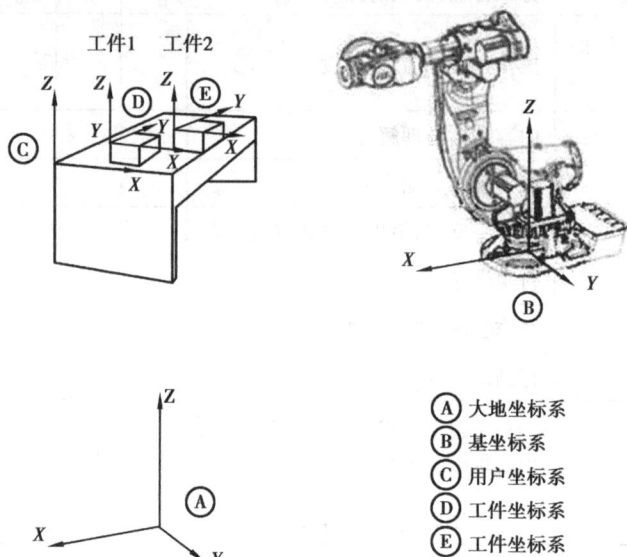

Ⓐ 大地坐标系
Ⓑ 基坐标系
Ⓒ 用户坐标系
Ⓓ 工件坐标系
Ⓔ 工件坐标系

图 7-2-1 工件坐标系示意图

为了方便编程,可以给需要加工的第一个工件建立工件坐标系 D,并在这个工件坐标系 D 中进行轨迹编程,如果还有一个相同的工件 2 需要加工,则只需新建工件坐标系 D,再将工件坐标系 D 中的轨迹复制一份,最后将工件坐标系从 D 更新为 E,而无须对相同工件进行重复轨迹编程。

2)工件坐标系的创建原理

在对象平面上只需要定义三个点,就可以建立一个工件坐标系,如图 7-2-2 所示。坐标系符合右手定则,其标定过程中的方向确定如下:

(1)$X1$ 点确定工件坐标的原点;

(2)$X1$、$X2$ 确定工件坐标 X 轴正方向;

(3)$Y1$ 点确定工件坐标 Y 轴正方向。

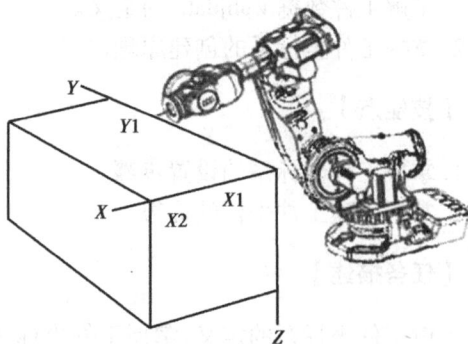

图 7-2-2 工件坐标系的方向

【任务实施】

1）创建工件坐标系

以长方体工件为工作对象，创建工业机器人的工件坐标系，其操作步骤见表7-2-1。

（1）新建工件坐标框架。

表 7-2-1　新建工件坐标框架的操作步骤

图示	操作步骤
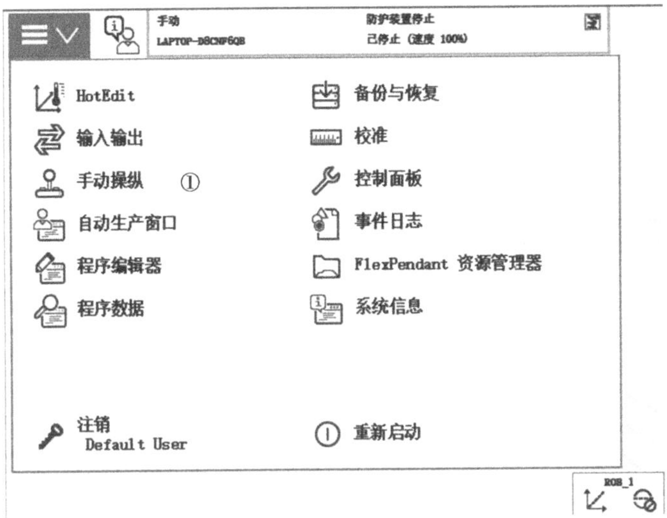 ＝∨　手动　　　　　　　防护装置停止　　　　　　　己停止（速度 100%） LAPTOP-D8CNF6QB HotEdit　　　　　　　备份与恢复 输入输出　　　　　　校准 手动操纵　①　　　　控制面板 自动生产窗口　　　　事件日志 程序编辑器　　　　　FlexPendant 资源管理器 程序数据　　　　　　系统信息 注销　　　　　　　　重新启动 Default User　　　　　　　　　　　　ROB_1	（1）在示教器的主功能菜单中单击"手动操纵"
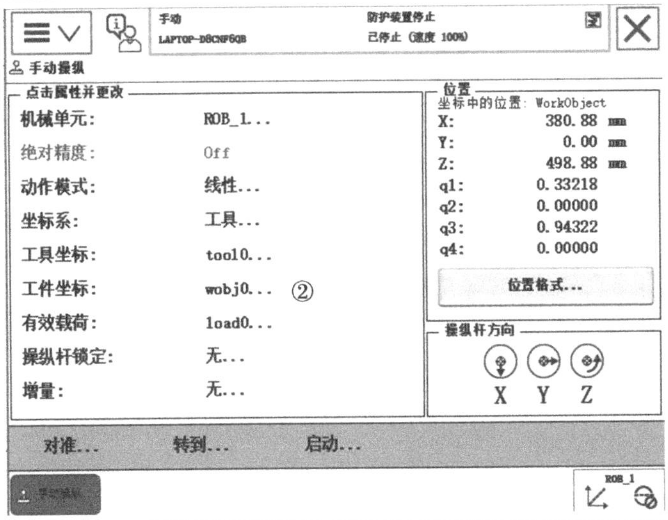 ＝∨　手动　　　　　防护装置停止　　　己停止（速度 100%） LAPTOP-D8CNF6QB 手动操纵 点击属性并更改　　　　　　位置 　　　　　　　　　　　　坐标中的位置：WorkObject 机械单元：ROB_1...　　X: 380.88 mm 绝对精度：Off　　　　　Y: 0.00 mm 动作模式：线性...　　　Z: 498.88 mm 坐标系：工具...　　　　q1: 0.33218 工具坐标：tool0...　　 q2: 0.00000 工件坐标：wobj0...②　q3: 0.94322 有效载荷：load0...　　 q4: 0.00000 操纵杆锁定：无...　　　位置格式... 增量：无...　　　　　　操纵杆方向 　　　　　　　　　　　　X Y Z 对准...　　转到...　　启动...　　ROB_1	（2）进入手动操纵界面中，在属性设置中单击工件坐标中的"wobj0..."

续表

图示	操作步骤
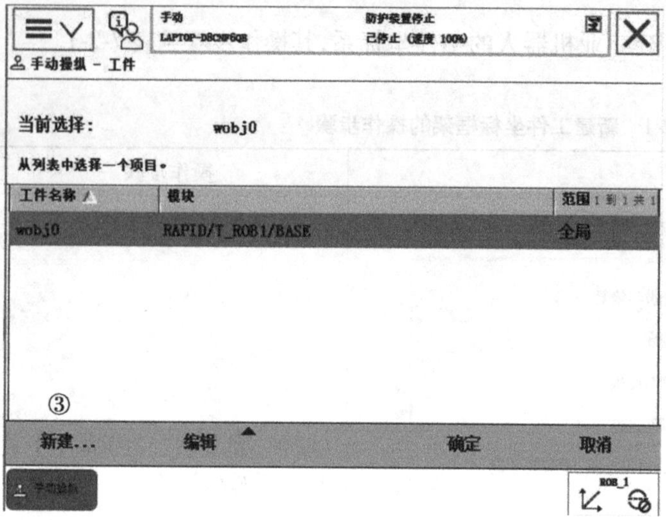	(3)进入系统工件坐标显示列表，此处为系统默认"wobj0"，单击"新建..."创建新工件坐标系
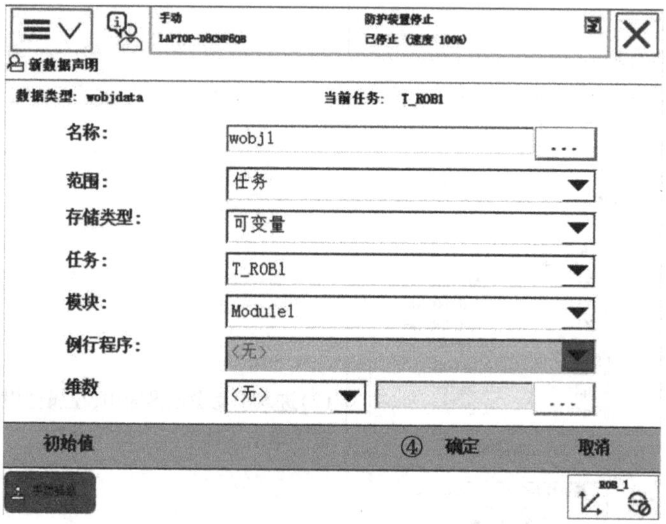	(4)对工件数据 wobj1 进行属性设置后，单击"确定"按钮

(2)三点法定义工件坐标系。

三点法定义工件坐标系的操作步骤见表7-2-2。

表 7-2-2 三点法定义工件坐标系的操作步骤

图示	操作步骤
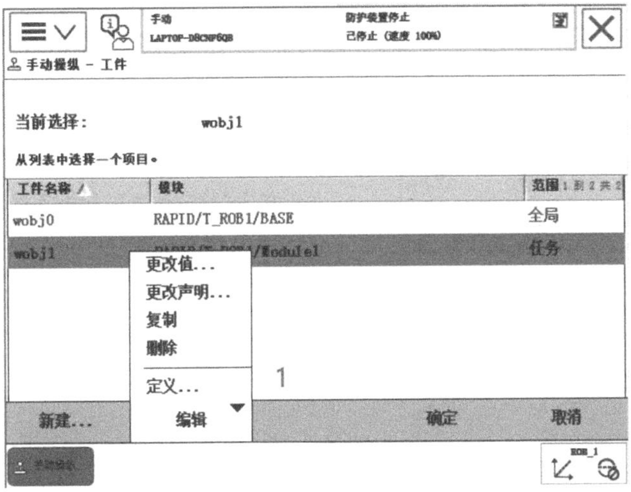	(1)创建工件坐标 wobjl 后,对其参数进行定义设置,选中工件坐标 wobjl,展开"编辑"菜单,单击"定义…"
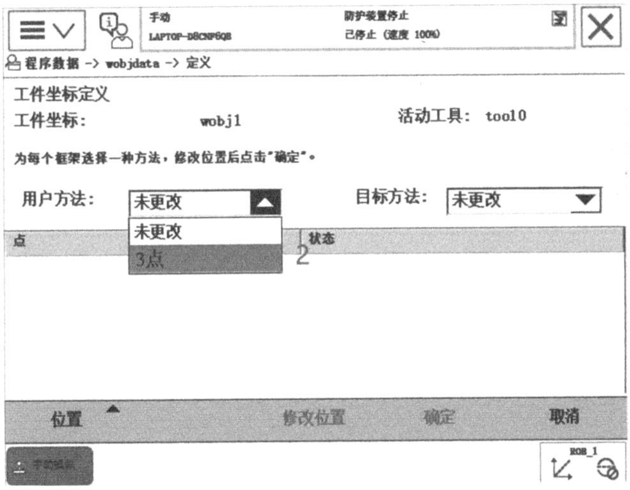	(2)将用户方法设置为"3 点"
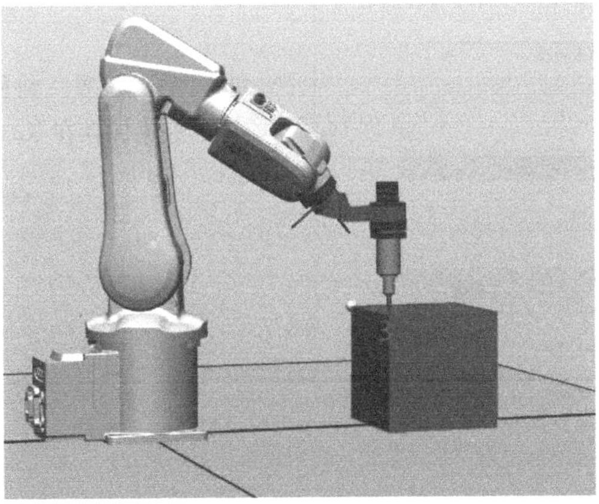	(3)手动操纵机器人工具的 TCP 点靠近定义的工件坐标 X 轴上第 1 点

续表

图示	操作步骤
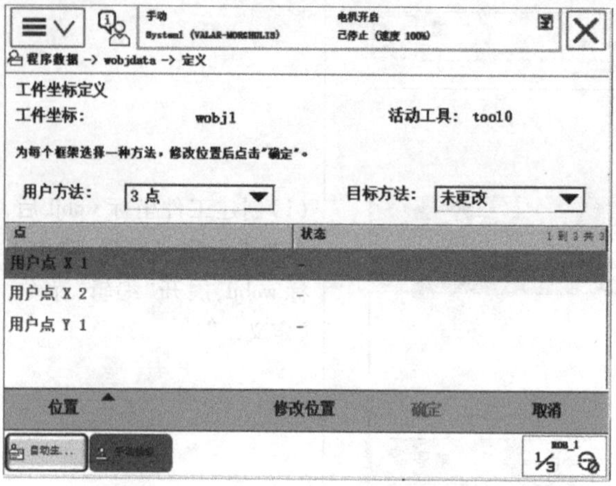	(4)单击"修改位置",机器人的当前位置数据保存在x1
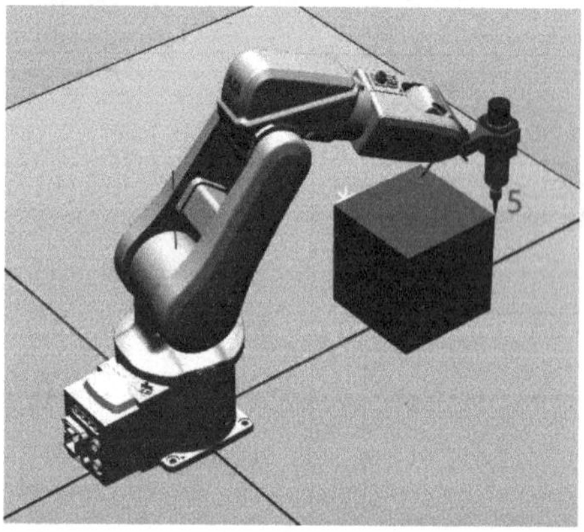	(5)手动操纵机器人工具的 TCP 点靠近定义的工件坐标 X 轴上第 2 点
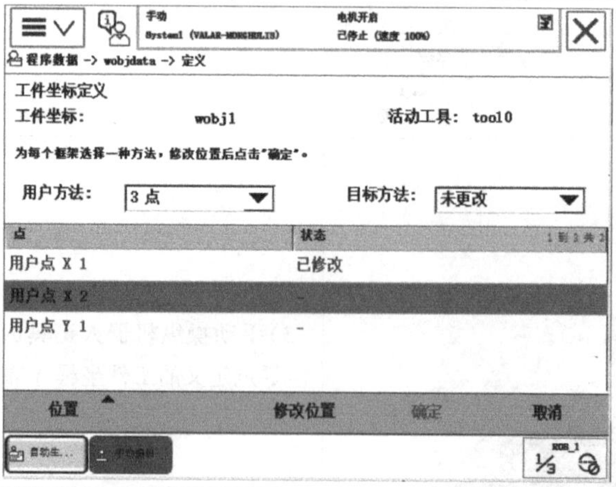	(6)单击"修改位置",将机器人的当前位置数据保存在 X2

续表

图示	操作步骤
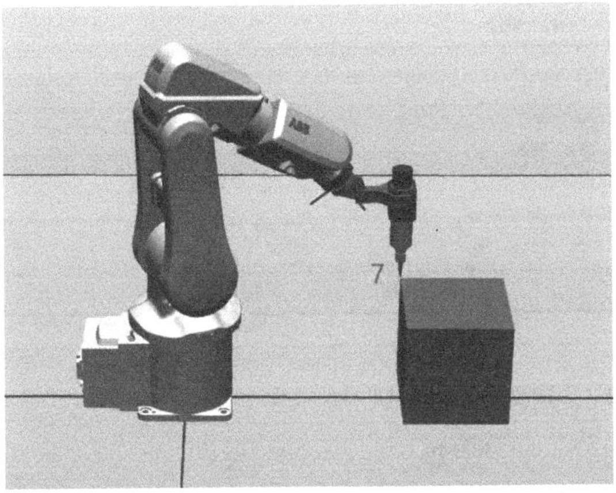	(7)手动操纵机器人工具的 TCP 点靠近定义的工件坐标 Y 轴上第 1 点
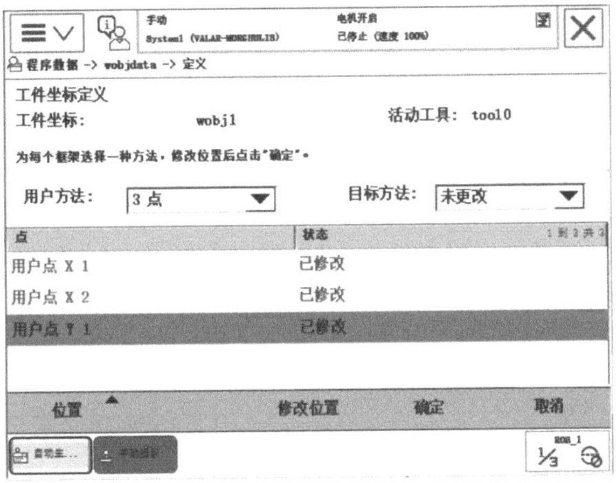	(8)单击"修改位置",将机器人的当前位置数据保存在 Y1; (9)然后再点击"确定"即可完成三点法定义工件坐标

2）工件坐标系的管理

（1）定义参数的确认。

定义后的计算结果将显示并需用户确认生效,如图 7-2-3 所示。

（2）工件数据 wobjdata 的参数管理。

单击"编辑"菜单中的"更改值…"可进行 wobjdata 的参数管理,如图 7-2-4 所示。

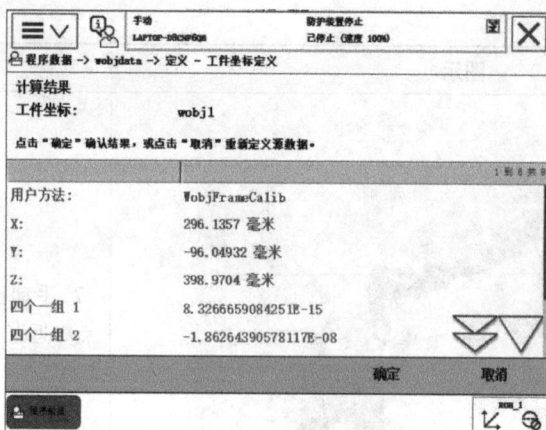

图 7-2-3　定义参数的确认

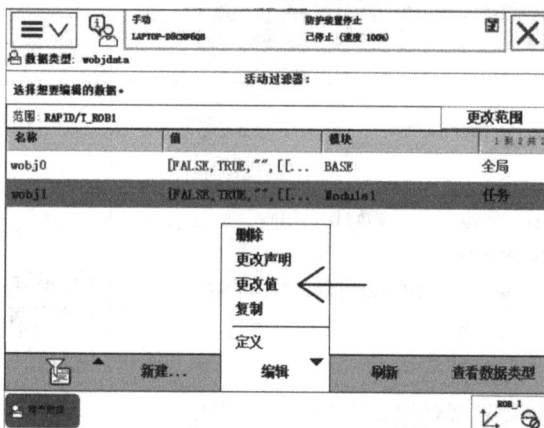

图 7-2-4　wobjdata 的参数管理

【任务书】

姓名		任务名称	工件坐标数据的创建
指导教师		同组人员	
计划用时		实施地点	工业机器人实训室
时间		备注	
任务内容			
1. 工件坐标系的定义。 2. 描述工件坐标系的创建原理。			
考核项目	工件坐标系的定义		
	工件坐标系的用途		
	工件坐标系的创建原理		
	工件坐标系的创建步骤		

【任务完成报告】

姓名		任务名称	工件坐标数据的创建
班级		小组人员	
完成日期		分工内容	
1.什么是工件数据 wobjdata?			
2.描述工件坐标系的创建原理			

【任务测评】

项目	评价要素	评价标准	自我评价			教师评价	综合评价
			掌握	知道	再学		
知识准备	资料准备	参与资料收集,整理,自我学习					
	计划制订	能初步制订计划					
	小组分工	分工合理,协调有序					
	工件坐标系的设定	操作正确性、熟练程度					
	总结	内容掌握与理解					
拓展能力	知识迁移	能实现前后知识的迁移					
	应变能力	能举一反三,提出改进建议或方案					
学习态度	主动程度	自主学习,主动性强					
	合作意识	协作学习,能与同伴团结合作					
	严谨细致	仔细认真,不出差错					
	问题研究	能在实践中发现问题,并用理论知识解决实践中的问题					
	安全规程	遵守操作规程,安全操作					

任务 7.3　有效载荷数据 loaddata 的创建

【知识点】

1. 了解有效载荷数据。
2. 机器人上工具负载数据的定义。
3. 有效载荷数据的创建与管理。

【技能点】

进行工具坐标负载数据的设定。

【知识链接】

对于进行搬运、码垛、装配等对负重载荷有较高要求的工业机器人来说,除要正确设置机器人工具数据 tooldata 和工件坐标数据 wobjdata 外,还需要设置有效载荷数据 loaddata。

有效载荷数据 loaddata 用于定义机器人的最大搬运质量(带工具质量)及该重物的质量、位置等属性,从而保证机器人的正常作业。搬运机器人作业如图 7-3-1 所示。

图 7-3-1　搬运机器人作业

【任务实施】

1)有效载荷数据 loaddata 的创建

有效载荷数据 loaddata 的创建步骤见表 7-3-1。

表 7-3-1 有效载荷数据 loaddata 的创建步骤

图示	操作步骤
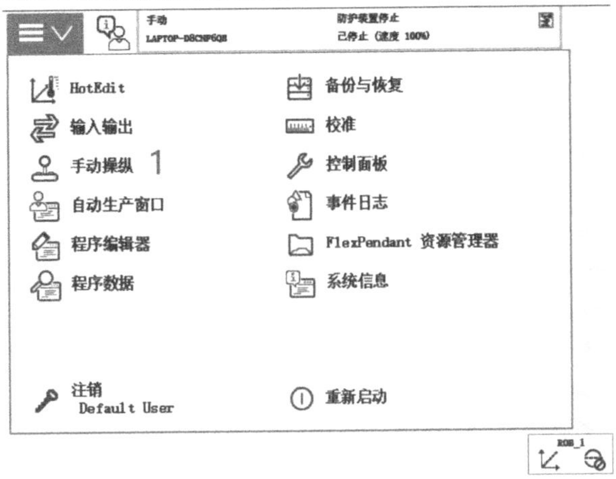	（1）在 ABB IRC5 示教器的主功能菜单中单击"手动操纵"
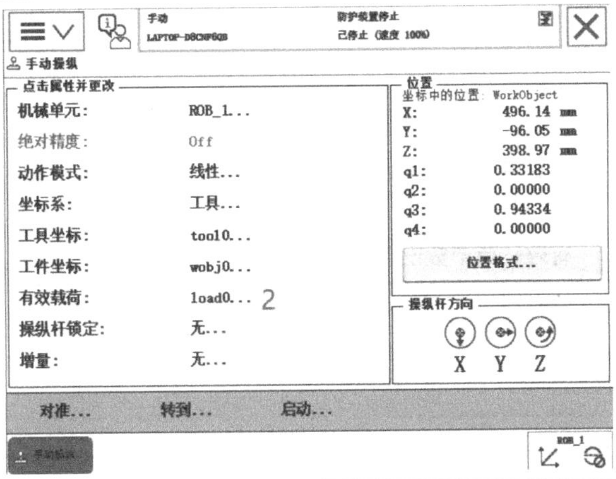	（2）进入手动操纵界面中，在属性设置中单击有效载荷的"load0…"
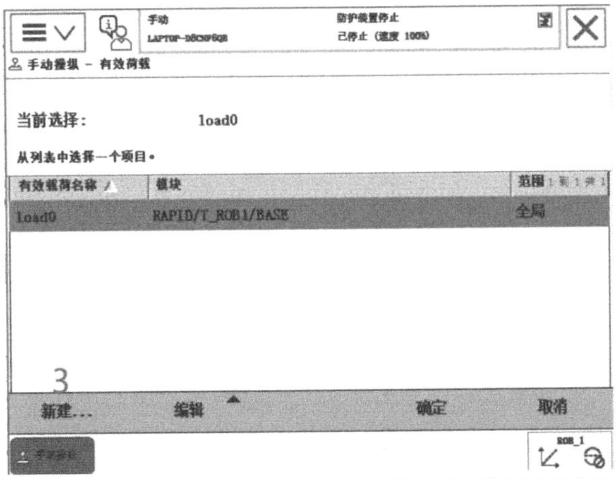	（3）进入系统有效载荷显示列表，此处为系统默认 load0，单击"新建…"，创建新的有效载荷

续表

图示	操作步骤
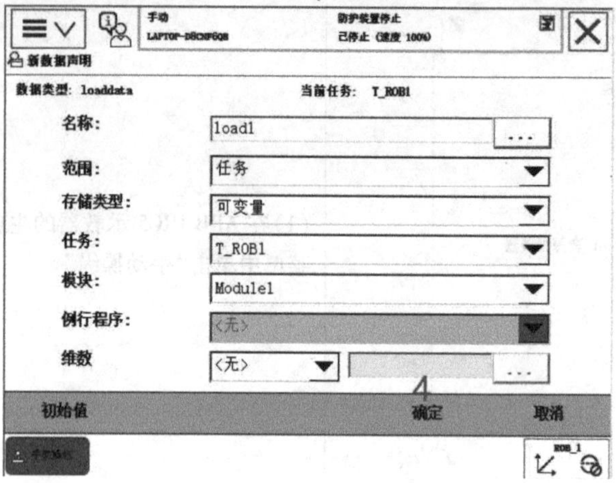	（4）对有效载荷数据 load1 进行属性设置后，单击"确定"按钮

2）有效载荷数据 loaddata 的管理

有效载荷参数主要包括载荷的质量、重心偏移值、力矩轴方向和转动惯量参数等，其中有效质量与重心偏移值参数是有效载荷的重要参数，直接反映了机器人对作业对象的要求，是搬运机器人作业需设置的重要数据之一，见表 7-3-2。

表 7-3-2　有效载荷参数设置步骤

图示	操作步骤
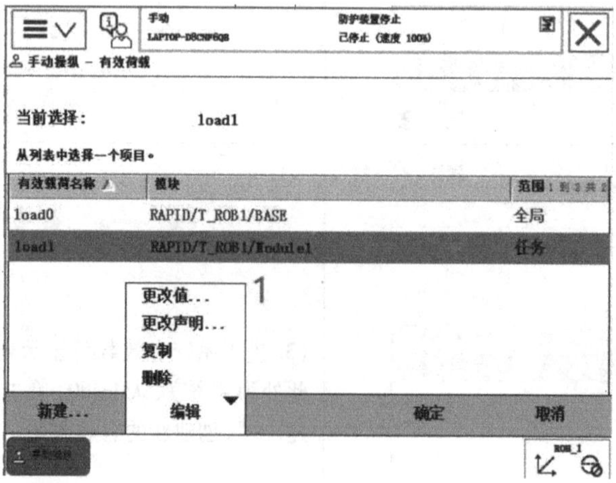	（1）创建有效载荷数据 load1 后，对其进行编辑，选中新建的 load1，再单击"编辑"，然后选择"更改值…"

续表

图示	操作步骤
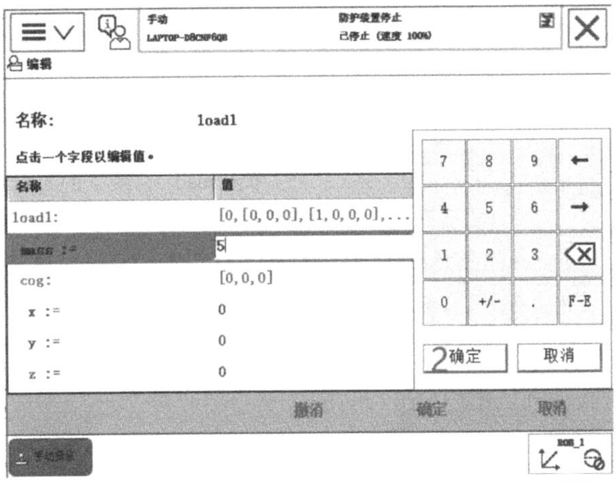	（2）单击 load1 目录下的 mass 的数值，输入有效载荷的质量数据，输入完成后单击"确定"按钮
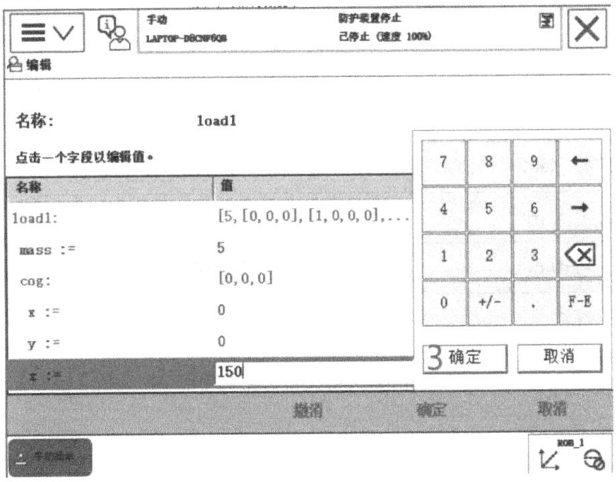	（3）单击 load1 目录下的 cog 的数值，输入有效载荷的重心偏移值，输入完成后单击"确定"按钮
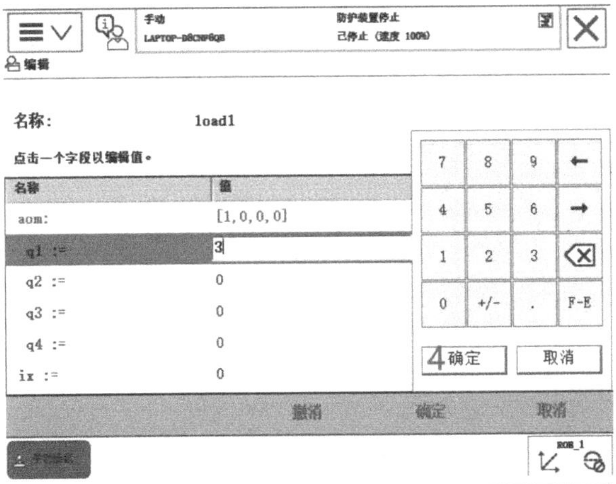	（4）单击 load1 目录下的 aom 的数值，输入有效载荷的力矩轴数据，输入完成后单击"确定"按钮

续表

图示	操作步骤
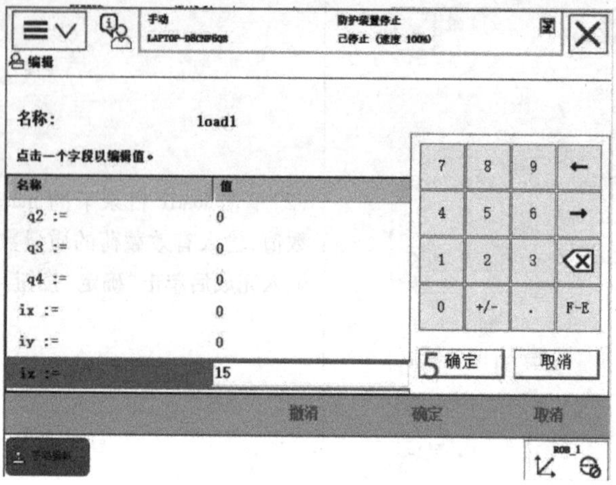	(5)单击 load1 目录下的 aom 的数值,输入有效载荷的转动惯量数据 i_x、i_y、i_z,输入完成后单击"确定"按钮

【任务书】

姓名		任务名称	有效载荷数据创建
指导教师		同组人员	
计划用时		实施地点	工业机器人实训室
时间		备注	
任务内容			

1. 简述有效载荷数据 loaddata 的功能。
2. 有效载荷的参数有哪些?其中哪些是重要参数?

考核项目	有效载荷数据的定义
	有效载荷数据的创建
	有效载荷数据的管理

【任务完成报告】

姓名		任务名称	有效载荷数据的创建
班级		小组人员	
完成日期		分工内容	

1. 简述有效载荷数据 loaddata 的功能

2. 有效载荷的参数有哪些? 其中哪些是重要参数?

【任务测评】

项目	评价要素	评价标准	自我评价			教师评价	综合评价
			掌握	知道	再学		
知识准备	资料准备	参与资料收集,整理,自我学习					
	计划制订	能初步制订计划					
	小组分工	分工合理,协调有序					
任务过程	识别编辑位置	操作正确性、熟练程度					
	识别类型	操作正确性、熟练程度					
	选择接口	操作正确性、熟练程度					
	识别可编程按键	操作正确性、熟练程度					
	设置参数	操作正确性、熟练程度					
拓展能力	知识迁移	能实现前后知识的迁移					
	应变能力	能举一反三,提出改进建议或方案					
学习态度	主动程度	自主学习,主动性强					
	合作意识	协作学习,能与同伴团结合作					
	严谨细致	仔细认真,不出差错					
	问题研究	能在实践中发现问题,并用理论知识解决实践中的问题					
	安全规程	遵守操作规程,安全操作					

参考文献

［1］谭勇,马宇丽,李文斌.工业机器人应用技术:ABB[M].西安:西安电子科技大学出版社,2019.

［2］丁燕.工业机器人编程技术[M].北京:北京邮电大学出版社,2019.

［3］田贵福,林燕文.工业机器人现场编程:ABB[M].北京:机械工业出版社,2017.

［4］杨金鹏,李勇兵.ABB工业机器人应用技术[M].北京:机械工业出版社,2020.